table of content

sections	days
adding digits 0-5	1-9
subtracting digits 0-5	10-18
adding digits 0-7	19-27
subtracting digits 0-7	28-36
adding digits 0-10	37-45
subtracting digits 0-10	46-54
adding digits 10-20	55-63
subtracting digits 10-20	64-72
adding & subtracting digits 10-20	73-80

answer key in back

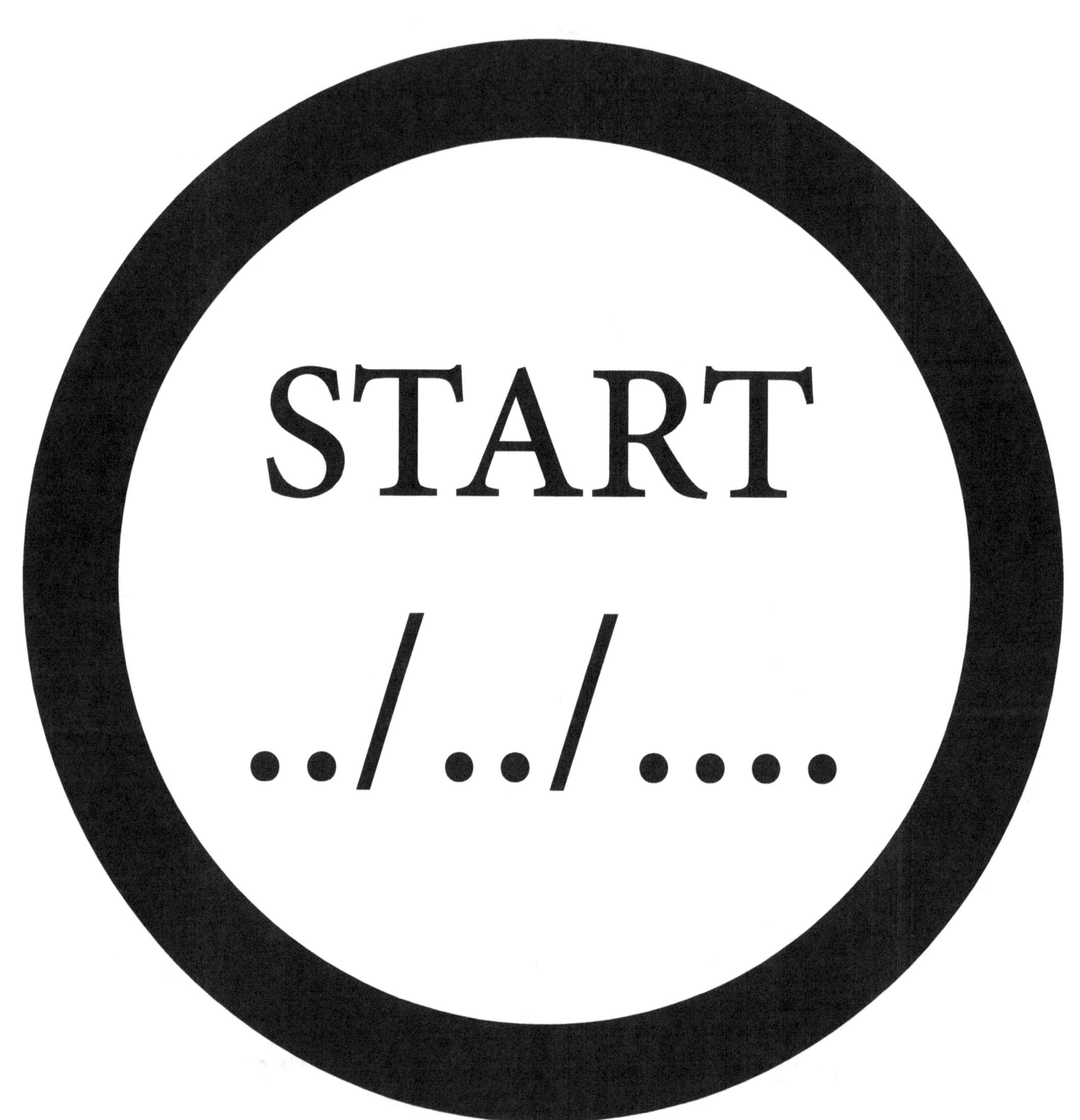

START
.. / ... / ....

DAy1
0-5 adding digits

TIME
__:__

name ....

1 +1	1 +4	1 +2	2 +3	4 +2
5 +1	2 +0	1 +1	1 +3	2 +2
4 +1	2 +2	4 +0	4 +4	1 +5
4 +2	2 +1	3 +5	4 +3	4 +5
1 +1	4 +0	3 +5	1 +5	2 +5
1 +2	4 +1	3 +2	2 +2	1 +0
4 +1	5 +2	4 +2	3 +1	1 +4

DAy2
0-5 adding digits

TIME
_:_

name ....

2 +3	1 +4	1 +2	1 +1	4 +2
1 +3	2 +0	1 +1	5 +1	2 +2
4 +4	2 +2	4 +0	4 +1	1 +5
4 +3	2 +1	3 +5	4 +2	4 +5
1 +5	4 +0	3 +5	1 +1	0 +5
3 +1	5 +2	3 +3	4 +1	1 +0
2 +2	4 +1	3 +2	1 +2	1 +0

DAy3
0-5 adding digits

name ....

4 +1	2 +0	1 +1	2 +3	4 +2
5 +1	5 +2	4 +2	1 +3	2 +2
4 +1	2 +2	4 +0	4 +4	1 +5
4 +2	2 +1	3 +5	4 +3	4 +5
1 +1	4 +0	3 +5	1 +5	0 +5
1 +1	1 +4	1 +2	3 +1	1 +0
1 +2	4 +1	3 +2	2 +2	1 +0

DAY4
0-5 adding digits

SCORE /35 TIME __:__ name ....

1 +1	1 +4	1 +2	2 +3	4 +2
5 +1	2 +0	4 +4	1 +5	2 +2
4 +1	4 +0	3 +5	4 +5	1 +5
4 +2	2 +1	3 +6	4 +3	4 +5
1 +1	4 +0	6 +1	1 +3	0 +5
3 +1	1 +0	4 +2	4 +1	5 +2
1 +2	2 +2	4 +0	3 +2	1 +0

1 +1	1 +4	1 +2	2 +3	4 +2
5 +1	2 +0	1 +1	5 +3	2 +2
4 +2	2 +2	4 +0	4 +4	1 +5
4 +2	2 +1	3 +5	4 +3	4 +5
1 +1	4 +5	3 +5	1 +5	0 +5
4 +1	5 +2	4 +2	3 +1	1 +0
1 +2	4 +1	3 +2	2 +2	5 +1

1 +1	1 +4	1 +2	2 +3	4 +2
5 +1	2 +0	3 +2	1 +3	2 +2
4 +1	2 +2	4 +0	4 +4	1 +0
4 +2	2 +1	3 +5	4 +3	4 +5
1 +1	4 +0	3 +5	1 +5	0 +5
4 +1	5 +2	4 +2	3 +1	1 +5
1 +2	4 +1	1 +1	2 +2	1 +0

DAy7
0-5 adding digits

1 +1	4 +0	1 +2	2 +3	4 +2
5 +1	2 +0	1 +1	1 +3	2 +2
4 +1	5 +2	1 +4	4 +4	1 +5
1 +2	4 +1	3 +2	2 +2	1 +0
0 +5	2 +1	3 +5	1 +5	4 +2
4 +1	2 +2	4 +2	3 +1	1 +0
1 +1	4 +0	3 +5	4 +3	4 +5

1 +1	1 +4	1 +2	2 +3	4 +2
5 +1	2 +0	4 +4	1 +5	2 +2
4 +1	2 +2	4 +0	3 +5	1 +5
4 +2	2 +1	3 +5	4 +3	4 +5
1 +1	4 +0	5 +1	1 +3	0 +5
3 +1	1 +0	4 +2	4 +1	5 +2
1 +2	4 +1	3 +2	2 +2	1 +0

4 +3	4 +5	1 +2	2 +3	4 +2
5 +1	2 +0	4 +2	3 +1	2 +2
4 +1	5 +2	2 +2	4 +4	1 +5
1 +2	4 +1	1 +1	2 +2	1 +0
4 +2	2 +1	3 +5	1 +5	0 +5
4 +1	1 +4	3 +2	1 +3	1 +0
1 +1	4 +0	3 +5	1 +1	4 +0

DAy10
0-5 subtracting digits

SCORE /35

TIME __:__

name ....

1 -1	5 -4	2 -1	3 -3	4 -2
5 -1	2 -0	1 -1	3 -1	2 -2
4 -1	2 -2	4 -0	4 -4	5 -3
4 -2	2 -1	4 -1	4 -3	4 -5
1 -1	4 -0	5 -5	4 -2	5 -2
3 -2	4 -1	3 -1	2 -2	1 -0
4 -3	5 -2	4 -2	3 -1	5 -4

DAy11
0-5 subtracting digits

name ....

3 -3	4 -4	4 -1	3 -1	4 -2
4 -3	2 -0	1 -1	5 -1	2 -2
4 -4	2 -2	4 -0	4 -1	1 -5
4 -3	2 -1	5 -5	4 -2	4 -1
5 -5	4 -0	3 -2	4 -2	5 -5
3 -1	5 -2	3 -3	4 -1	1 -0
2 -2	4 -1	3 -2	2 -1	1 -0

4 −1	2 −0	1 −1	2 −3	4 −2
5 −1	5 −2	4 −2	1 −3	2 −2
4 −1	2 −2	4 −0	4 −4	1 −5
4 −2	2 −1	3 −3	4 −3	4 −0
1 −1	4 −0	3 −5	4 −2	5 −3
1 −1	5 −3	2 −1	3 −1	1 −0
1 −2	4 −1	3 −2	2 −2	1 −0

DAy13
0-5 subtracting digits

SCORE /35

TIME __:__

name ....

1 −1	1 −4	1 −0	5 −1	4 −2
5 −1	2 −0	4 −4	1 −5	2 −2
4 −1	4 −0	3 −2	5 −2	1 −5
4 −2	2 −1	3 −3	4 −3	4 −1
1 −1	4 −0	1 −1	1 −3	4 −1
3 −1	1 −0	4 −2	4 −1	5 −2
2 −0	2 −2	4 −0	2 −2	1 −0

DAy14
0-5 subtracting digits

name ....

1 -1	4 -4	3 -2	5 -3	4 -2
5 -1	2 -0	1 -1	5 -3	2 -2
4 -2	2 -2	4 -0	4 -4	5 -4
4 -2	2 -1	3 -1	4 -3	5 -3
1 -1	4 -0	5 -2	5 -5	5 -4
4 -1	5 -2	4 -2	3 -1	1 -0
1 -2	4 -1	3 -2	2 -2	5 -1

DAy15
0-5 subtracting digits

SCORE /35

TIME __:__

name ....

1 -1	1 -4	3 -2	5 -3	4 -2
5 -1	2 -0	3 -2	5 -2	2 -2
4 -1	4 -2	4 -0	4 -4	1 -0
4 -2	5 -1	5 -5	4 -3	4 -0
1 -1	4 -0	5 -3	5 -0	4 -2
4 -1	5 -1	4 -2	3 -1	5 -2
1 -0	4 -1	1 -1	2 -2	1 -0

DAy16
0-5 subtracting digits

TIME
__:__

name ....

4 -1	4 -0	4 -3	5 -3	4 -2
5 -1	2 -0	1 -1	1 -0	2 -2
4 -2	5 -2	4 -1	4 -4	5 -0
2 -0	4 -1	3 -2	2 -2	1 -0
5 -0	2 -1	5 -5	5 -1	4 -2
4 -1	2 -2	4 -2	3 -1	1 -0
1 -1	4 -0	3 -2	4 -3	5 -4

DAy17
0-5 subtracting digits

SCORE /35

TIME __:__

name ....

1 −1	5 −4	4 −3	5 −3	4 −2
5 −1	2 −0	4 −4	3 −2	2 −2
4 −1	2 −2	4 −0	5 −5	1 −0
4 −2	2 −1	3 −3	4 −3	4 −3
1 −1	4 −0	1 −1	3 −1	5 −0
3 −1	1 −0	4 −2	4 −1	5 −2
2 −2	4 −1	3 −2	2 −2	1 −0

DAy18
0-5 subtracting digits

SCORE /35

TIME __:__

name ....

4 -3	5 -4	5 -2	3 -3	4 -2
5 -1	2 -0	4 -2	3 -1	2 -2
4 -1	5 -2	2 -2	4 -4	5 -5
2 -1	4 -1	1 -1	2 -2	1 -0
4 -2	2 -1	5 -5	4 -3	5 -0
4 -1	5 -4	3 -2	5 -3	1 -0
1 -1	4 -4	5 -3	1 -1	4 -0

DAy19
0-7 adding digits

name ....

6 +1	4 +4	1 +5	2 +6	4 +3
5 +4	2 +0	1 +1	1 +3	2 +2
4 +1	2 +4	4 +5	4 +6	1 +7
4 +2	2 +1	3 +5	4 +3	4 +5
1 +1	4 +5	6 +5	1 +5	2 +5
1 +2	4 +1	3 +2	2 +2	1 +7
4 +6	5 +2	4 +2	3 +7	1 +4

DAy20
0-7 adding digits

name ....

2 +3	1 +4	1 +2	1 +1	4 +2
1 +3	2 +0	1 +5	5 +1	2 +2
4 +4	2 +2	7 +0	5 +1	3 +5
4 +3	2 +1	3 +5	4 +2	4 +5
1 +5	4 +0	3 +5	6 +5	7 +5
7 +0	5 +2	3 +3	4 +1	1 +5
2 +2	4 +7	3 +2	6 +2	1 +0

4 +5	2 +6	1 +1	2 +3	4 +2
5 +1	5 +2	4 +2	1 +3	2 +2
4 +1	7 +2	4 +7	4 +4	1 +5
4 +2	2 +5	3 +5	4 +3	4 +5
1 +1	4 +0	3 +5	1 +5	0 +5
5 +5	1 +4	6 +2	3 +1	7 +7
1 +2	4 +5	3 +2	2 +2	1 +0

DAy22
0-7 adding digits

SCORE /35 TIME __:__ name ....

1 +1	1 +4	1 +2	2 +3	6 +6
5 +1	2 +0	4 +4	1 +5	7 +2
4 +1	4 +0	3 +5	3 +5	6 +5
4 +2	2 +1	7 +5	4 +3	4 +5
1 +1	4 +0	1 +1	1 +3	7 +5
3 +1	1 +7	4 +7	4 +1	5 +2
1 +2	2 +2	4 +0	2 +2	1 +0

DAy23
0-7 adding digits

name ....

6 +3	7 +4	4 +2	2 +3	4 +7
5 +1	2 +0	1 +1	5 +3	2 +2
4 +2	2 +2	4 +0	4 +4	1 +5
4 +2	4 +7	3 +5	4 +3	4 +5
7 +3	4 +5	3 +5	1 +5	7 +5
4 +1	5 +2	4 +2	3 +1	7 +0
1 +2	4 +1	3 +2	7 +2	5 +5

DAY 24
0-7 adding digits

1 +1	1 +4	1 +2	2 +3	4 +2
5 +1	2 +0	3 +2	1 +3	2 +2
4 +1	2 +2	4 +0	4 +4	1 +0
4 +2	2 +1	3 +5	4 +3	4 +5
1 +1	4 +0	3 +5	7 +5	0 +5
4 +1	5 +2	4 +2	3 +1	1 +5
1 +2	4 +5	1 +1	2 +5	7 +6

DAy25
0-7 adding digits

SCORE /35

TIME __:__

name ....

1 +7	4 +0	5 +2	2 +3	4 +6
5 +5	2 +5	1 +1	1 +3	2 +2
4 +1	5 +2	7 +4	6 +4	1 +5
6 +2	4 +1	3 +2	2 +7	6 +0
6 +5	7 +7	3 +5	1 +5	4 +2
7 +1	2 +2	4 +2	3 +1	1 +0
1 +4	4 +6	3 +5	4 +3	4 +5

DAy26
0-7 adding digits

name ....

7 +6	7 +4	1 +2	2 +3	4 +2
5 +1	2 +0	4 +4	1 +5	2 +2
4 +1	6 +2	4 +0	7 +5	1 +5
4 +2	2 +6	3 +5	6 +3	4 +5
7 +3	4 +0	1 +1	1 +3	0 +5
3 +1	1 +0	4 +5	4 +1	5 +2
7 +4	7 +1	3 +6	2 +7	1 +0

DAy27
0-7 adding digits

name ....

4 +3	4 +5	5 +6	2 +3	4 +2
5 +1	2 +0	4 +2	3 +1	2 +2
4 +1	5 +2	2 +2	4 +4	1 +5
3 +2	4 +6	6 +1	2 +2	1 +0
4 +2	7 +1	3 +5	1 +5	0 +5
4 +1	1 +4	3 +2	1 +3	1 +0
1 +1	6 +6	3 +5	7 +0	4 +0

DAy28
0-7 subtracting digits

name ....

6 −1	4 −4	7 −5	6 −6	4 −3
5 −4	2 −0	1 −1	3 −3	2 −2
4 −1	5 −4	5 −5	7 −6	7 −7
4 −2	2 −1	7 −5	4 −3	6 −5
1 −1	6 −1	6 −5	7 −5	2 −0
5 −2	4 −1	3 −2	2 −2	7 −7
4 −0	5 −2	4 −2	3 −1	5 −4

6 -3	7 -4	5 -2	1 -1	4 -2
4 -3	2 -0	6 -5	5 -1	2 -2
4 -4	2 -1	7 -0	5 -1	5 -5
4 -3	2 -1	6 -5	4 -2	6 -5
5 -5	4 -0	3 -1	6 -5	7 -5
7 -0	5 -2	3 -3	4 -1	1 -1
2 -2	4 -1	3 -2	6 -2	1 -0

DAy30
0-7 subtracting digits

TIME
_:_

name ....

4 −1	6 −6	1 −1	5 −3	4 −2
5 −1	5 −2	4 −2	5 −3	2 −2
4 −1	7 −2	4 −3	4 −4	1 −0
4 −2	6 −5	3 −1	4 −3	6 −5
1 −1	4 −0	6 −5	6 −1	6 −5
5 −5	4 −4	6 −2	3 −1	7 −7
2 −2	4 −2	3 −2	2 −2	1 −0

1 −1	5 −4	3 −2	5 −3	6 −6
5 −1	2 −0	4 −4	5 −5	7 −2
4 −1	4 −0	3 −0	6 −5	6 −2
4 −2	2 −1	7 −5	4 −3	4 −4
1 −1	4 −0	1 −1	3 −1	7 −5
3 −1	7 −7	4 −0	4 −1	5 −2
7 −2	2 −2	4 −0	2 −2	1 −0

DAy32
0-7 subtracting digits

SCORE /35

TIME __:__

name ....

6 -3	7 -4	4 -2	3 -2	4 -0
5 -1	2 -0	1 -1	5 -3	2 -2
4 -2	2 -2	4 -0	4 -4	1 -0
4 -2	7 -3	7 -5	4 -3	4 -2
7 -3	5 -5	6 -5	6 -5	7 -5
4 -1	5 -2	4 -2	3 -1	7 -0
2 -1	4 -1	3 -2	7 -2	5 -5

DAY33
0-7 subtracting digits

TIME
__:__

name ....

1 −1	7 −4	5 −2	6 −3	4 −2
5 −1	2 −0	3 −2	1 −0	2 −2
4 −1	2 −2	4 −0	4 −4	1 −0
4 −2	2 −1	6 −5	4 −3	7 −5
1 −1	4 −0	7 −2	7 −5	0 −0
4 −1	5 −2	4 −2	3 −1	5 −5
5 −2	4 −0	1 −1	2 −1	7 −6

DAy34
0-7 subtracting digits

name ....

7 -1	4 -0	5 -2	3 -2	6 -4
5 -5	7 -5	1 -1	4 -3	2 -2
4 -1	5 -2	7 -4	6 -4	6 -5
6 -2	4 -3	3 -2	7 -7	6 -0
6 -5	7 -7	6 -2	1 -0	4 -2
7 -1	2 -2	4 -2	3 -1	1 -0
5 -4	7 -6	6 -5	4 -3	5 -4

DAy35
0-7 subtracting digits

SCORE /35

TIME __:__

name ....

7 -6	7 -4	4 -2	3 -3	4 -2
5 -1	2 -0	4 -4	6 -5	2 -2
4 -1	6 -2	4 -0	7 -5	5 -1
4 -2	2 -0	3 -1	6 -3	7 -5
7 -3	4 -0	1 -1	5 -3	0 -0
3 -1	1 -0	4 -4	4 -1	5 -2
7 -4	7 -1	3 -1	7 -7	1 -0

DAy36
0-7 subtracting digits

name ....

4 -3	4 -1	7 -6	3 -3	4 -2
5 -1	2 -0	4 -2	3 -1	2 -2
4 -1	5 -2	2 -2	4 -4	6 -5
3 -2	6 -6	6 -1	2 -2	1 -0
4 -2	7 -1	7 -5	6 -5	0 -0
4 -1	1 -1	3 -2	4 -3	1 -0
1 -1	6 -6	3 -1	7 -0	4 -0

6 +1	4 +4	9 +9	6 +2	4 +3
5 +4	10 +9	10 +1	8 +3	7 +5
4 +1	10 +4	7 +5	9 +6	8 +7
4 +2	9 +5	10 +5	8 +3	6 +2
9 +4	9 +5	6 +5	10 +5	6 +4
7 +2	10 +7	8 +4	10 +1	8 +7
4 +1	5 +2	6 +2	9 +7	10 +4

name ....

8 +3	8 +4	9 +2	10 +1	4 +2
10 +3	8 +0	7 +5	5 +1	2 +2
4 +4	2 +2	7 +0	5 +1	9 +5
6 +3	5 +1	10 +5	4 +2	7 +5
9 +5	4 +0	9 +5	6 +5	7 +5
8 +2	9 +2	8 +3	4 +1	10 +6
8 +4	10 +7	3 +2	6 +2	10 +8

DAy39
0-10 adding digits

SCORE /35

TIME __:__

name ....

6 +5	7 +6	1 +1 2	6 +3	4 +2
5 +1	5 +2	4 +2	9 +3	2 +2
4 +1	7 +2	9 +7	4 +4	10 +5
4 +2	9 +5	3 +3	4 +1	7 +5
9 +1	7 +3	8 +5	10 +5	7 +4
5 +5	8 +4	6 +2	3 +1	7 +7
7 +2	8 +5	3 +2	10 +2	7 +3

DAy40
0-10 adding digits

SCORE /35

TIME __:__

name ....

10 +1	10 +4	9 +2	8 +3	6 +6
10 +1	2 +0	4 +4	8 +5	7 +2
10 +2	8 +0	5 +5	9 +5	6 +5
4 +2	2 +1	7 +5	4 +3	5 +5
7 +1	4 +0	8 +8	9 +3	7 +5
7 +4	9 +9	10 +7	8 +4	5 +2
9 +2	8 +2	9 +4	10 +6	10 +0

DAy41
0-10 adding digits

name ....

6 +3	10 +4	4 +3	10 +3	8 7
5 +1	10 +10	6 +1	5 +3	2 +2
4 +2	2 +2	7 +1	8 +4	7 +5
4 +2	8 +7	8 +5	4 +3	9 +5
7 +5	9 +9	9 +5	10 +5	7 +5
8 +5	9 +6	4 +2	8 +3	10 +0
8 +2	4 +1	7 +2	7 +6	9 +5

7 +1	8 +4	6 +2	6 +3	4 +2
5 +1	10 +8	10 +5	6 +3	2 +2
6 +5	8 +4	9 +9	4 +4	5 +0
7 +3	9 +4	8 +5	10 +7	5 +4
10 +1	7 +0	9 +5	7 +5	10 +5
10 +10	10 +8	4 +2	9 +8	9 +5
9 +7	6 +3	7 +7	9 +5	7 +6

9 +7	4 +0	5 +2	6 +3	6 +6
5 +5	9 +5	10 +5	7 +4	2 +2
4 +3	5 +2	7 +4	6 +4	8 +5
10 +9	8 +1	9 +2	10 +7	6 +0
6 +5	7 +7	8 +5	9 +5	4 +2
10 +9	8 +2	4 +2	3 +1	1 +0
7 +4	6 +6	8 +8	4 +3	8 +5

DAy44
0-10 adding digits

name ....

7 +6	7 +4	10 +2	3 +3	4 +2
9 +1	2 +0	4 +4	7 +5	2 +2
4 +1	6 +2	9 +2	7 +5	10 +5
4 +2	7 +6	9 +5	6 +3	9 +5
7 +3	10 +10	9 +6	8 +3	6 +5
10 +8	9 +5	10 +3	9 +4	10 +2
7 +4	7 +1	9 +6	10 +7	8 +6

DAy45
0-10 adding digits

name ....

4 +3	7 +5	6 +6	7 +3	4 +2
5 +1	10 +8	4 +2	8 +3	8 +2
6 +3	5 +2	2 +2	4 +4	8 +5
9 +5	4 +7	6 +1	2 +2	10 +9
4 +2	7 +7	9 +5	10 +5	0 +0
4 +4	10 +4	3 +2	10 +3	8 +5
9 +9	6 +6	8 +5	7 +2	10 +10

DAy46
0-10 subtracting digits

name ....

6 −1	4 −4	9 −9	6 −2	4 −3
5 −4	10 −9	10 −1	8 −3	7 −5
4 −1	10 −4	7 −5	9 −6	8 −7
4 −2	9 −5	10 −5	8 −3	6 −2
9 −4	9 −5	6 −5	10 −5	6 −4
7 −2	10 −7	8 −4	10 −1	8 −7
4 −1	5 −2	6 −2	9 −7	10 −4

DAY47
0-10 subtracting digits

name ....

8 −3	8 −4	9 −2	10 −1	4 −2
10 −3	8 −0	7 −5	5 −1	2 −2
4 −4	2 −2	7 −0	5 −1	9 −5
6 −3	5 −1	10 −5	4 −2	7 −5
9 −5	4 −0	9 −5	6 −5	7 −5
8 −2	9 −2	8 −3	4 −1	10 −6
8 −4	10 −7	3 −2	6 −2	10 −8

DAY48
0-10 subtracting digits

6 −5	7 −6	1 −1	6 −3	4 −2
5 −1	5 −2	4 −2	9 −3	2 −2
4 −1	7 −2	9 −7	4 −4	10 −5
4 −2	9 −5	3 −3	4 −1	7 −5
9 −1	7 −3	8 −5	10 −5	7 −4
5 −5	8 −4	6 −2	3 −1	7 −7
7 −2	8 −5	3 −2	10 −2	7 −3

DAy49
0-10 subtracting digits

name ....

10 −1	10 −4	9 −2	8 −3	6 −6
10 −1	2 −0	4 −4	8 −5	7 −2
10 −2	8 −0	5 −5	9 −5	6 −5
4 −2	2 −1	7 −5	4 −3	5 −5
7 −1	4 −0	8 −8	9 −3	7 −5
7 −4	9 −9	10 −7	8 −4	5 −2
9 −2	8 −2	9 −4	10 −6	10 −0

DAy50
0-10 subtracting digits

6 −3	10 −4	4 −3	10 −3	8 7
5 −1	10 −10	6 −1	5 −3	2 −2
4 −2	2 −2	7 −1	8 −4	7 −5
4 −2	8 −7	8 −5	4 −3	9 −5
7 −5	9 −9	9 −5	10 −5	7 −5
8 −5	9 −6	4 −2	8 −3	10 −0
8 −2	4 −1	7 −2	7 −6	9 −5

DAy51
0-10 subtracting digits

SCORE /35

TIME __:__

name ....

7 −1	8 −4	6 −2	6 −3	4 −2
5 −1	10 −8	10 −5	6 −3	2 −2
6 −5	8 −4	9 −9	4 −4	5 −0
7 −3	9 −4	8 −5	10 −7	5 −4
10 −1	7 −0	9 −5	7 −5	10 −5
10 −10	10 −8	4 −2	9 −8	9 −5
9 −7	6 −3	7 −7	9 −5	7 −6

DAy52
0-10 subtracting digits

SCORE /35

TIME __:__

name ....

9 -7	4 -0	5 -2	6 -3	6 -6
5 -5	9 -5	10 -5	7 -4	2 -2
4 -3	5 -2	7 -4	6 -4	8 -5
10 -9	8 -1	9 -2	10 -7	6 -0
6 -5	7 -7	8 -5	9 -5	4 -2
10 -9	8 -2	4 -2	3 -1	1 -0
7 -4	6 -6	8 -8	4 -3	8 -5

DAy53
0-10 subtracting digits

SCORE /35

TIME __:__

name ....

7 -6	7 -4	10 -2	3 -3	4 -2
9 -1	2 -0	4 -4	7 -5	2 -2
4 -1	6 -2	9 -2	7 -5	10 -5
4 -2	7 -6	9 -5	6 -3	9 -5
7 -3	10 -10	9 -6	8 -3	6 -5
10 -8	9 -5	10 -3	9 -4	10 -2
7 -4	7 -1	9 -6	10 -7	8 -6

DAy54
0-10 subtracting digits

SCORE /35

TIME __:__

name ....

4 -3	7 -5	6 -6	7 -3	4 -2
5 -1	10 -8	4 -2	8 -3	8 -2
6 -3	5 -2	2 -2	4 -4	8 -5
9 -5	7 -4	6 -1	2 -2	10 -9
4 -2	7 -7	9 -5	10 -5	0 -0
4 -4	10 -4	3 -2	10 -3	8 -5
9 -9	6 -6	8 -5	7 -2	10 -10

DAy55
10-20 adding digits

16 +12	13 +13	20 +13	17 +16	13 +10
19 +13	19 +12	10 +10	14 +13	19 +19
13 +10	18 +13	13 +11	19 +16	20 +17
13 +11	17 +10	18 +10	17 +11	13 +10
20 +19	13 +10	16 +10	18 +10	11 +10
17 +11	19 +17	18 +11	18 +16	20 +17
19 +16	13 +11	15 +11	18 +17	15 +13

DAy56
10-20 adding digits

SCORE /35

TIME __:__

name ....

11 +11	15 +13	13 +11	17 +15	13 +11
15 +10	11 +11	19 +10	10 +10	11 +11
13 +13	11 +11	17 +12	16 +15	18 +10
13 +12	11 +11	15 +10	15 +11	13 +11
11 +10	16 +14	13 +10	16 +10	17 +10
18 +10	17 +14	16 +11	19 +16	14 +10
20 +19	19 +17	14 +13	16 +11	18 +12

13 +10	19 +12	18 +13	11 +10	13 +11
10 +10	10 +11	13 +11	19 +14	11 +11
19 +10	17 +11	13 +17	13 +13	17 +10
13 +11	19 +10	10 +10	13 +14	13 +10
19 +14	17 +12	15 +10	10 +10	17 +13
10 +10	20 +13	16 +11	17 +10	17 +17
17 +11	13 +10	14 +11	18 +11	20 +19

name ....

20 +16	18 +13	19 +11	11 +11	16 +16
17 +10	18 +10	16 +13	18 +10	17 +11
13 +12	14 +13	14 +11	15 +10	16 +10
13 +11	11 +10	17 +10	13 +12	13 +10
17 +10	20 +20	17 +11	19 +13	17 +10
18 +12	20 +19	17 +14	13 +10	18 +11
19 +11	11 +11	19 +19	20 +19	12 +10

16 +10	19 +13	13 +10	11 +10	13 +11
16 +13	10 +10	16 +14	18 +18	11 +11
13 +11	11 +11	13 +10	18 +13	17 +10
17 +11	13 +17	17 +10	14 +3	13 +10
17 +10	13 +13	19 +11	20 +10	17 +10
13 +10	10 +19	13 +11	12 +11	10 +10
11 +11	13 +12	17 +15	17 +11	19 +10

name ....

15 +11	19 +13	20 +11	16 +10	13 +11
10 +10	11 +10	15 +14	16 +10	11 +11
19 +19	14 +12	13 +11	13 +13	19 +13
19 +17	19 +19	15 +10	13 +12	13 +10
20 +14	17 +17	19 +10	17 +12	20 +10
13 +11	10 +10	13 +11	17 +13	19 +14
19 +10	13 +10	20 +17	11 +10	17 +16

 SCORE /35

 TIME __:__

name ....

20 +17	13 +10	16 +11	18 +14	19 +16
10 +10	19 +10	10 +10	20 +12	11 +11
20 +17	11 +11	17 +13	16 +13	15 +10
18 +18	18 +15	17 +11	20 +17	16 +10
16 +10	17 +17	16 +10	18 +10	13 +11
17 +15	11 +11	13 +11	19 +18	20 +20
17 +13	16 +16	17 +10	13 +13	13 +10

DAy62
10-20 adding digits

SCORE /35

TIME __:__

name ....

17 +16	17 +13	15 +11	11 +13	13 +11
19 +16	11 +10	13 +13	16 +10	11 +11
19 +15	16 +11	13 +12	17 +10	20 +10
13 +11	16 +16	13 +10	16 +15	13 +10
17 +14	13 +10	10 +16	12 +12	16 +10
17 +16	20 +19	13 +10	13 +19	10 +11
17 +13	17 +10	19 +16	18 +17	15 +10

name ....

13 +11	13 +10	17 +16	11 +10	13 +11
17 +15	17 +15	13 +11	20 +10	19 +11
13 +10	10 +11	16 +11	13 +13	18 +10
13 +10	20 +17	16 +11	17 +11	17 +17
13 +11	17 +19	15 +10	10 +10	18 +10
19 +19	17 +13	16 +11	20 +11	10 +10
20 +19	16 +16	14 +10	17 +15	13 +10

name ....

16 −12	13 −13	20 −13	17 −16	13 −10
19 −13	19 −12	10 −10	14 −13	19 −19
13 −10	18 −13	13 −11	19 −16	20 −17
13 −11	17 −10	18 −10	17 −11	13 −10
20 −19	13 −10	16 −10	18 −10	11 −10
17 −11	19 −17	18 −11	18 −16	20 −17
19 −16	13 −11	15 −11	18 −17	15 −13

DAy65
10-20 subtracting digits

name ....

11 -11	15 -13	13 -11	17 -15	13 -11
15 -10	11 -11	19 -10	10 -10	11 -11
13 -13	11 -11	17 -12	16 -15	18 -10
13 -12	11 -11	15 -10	15 -11	13 -11
11 -10	16 -14	13 -10	16 -10	17 -10
18 -10	17 -14	16 -11	19 -16	14 -10
20 -19	19 -17	14 -13	16 -11	18 -12

DAy66
10-20 subtracting digits

name ....

13 -10	19 -12	18 -13	11 -10	13 -11
10 -10	10 -11	13 -11	19 -14	11 -11
19 -10	17 -11	17 13	13 -13	17 -10
13 -11	19 -10	10 -10	14 -13	13 -10
19 -14	17 -12	15 -10	10 -10	17 -13
10 -10	20 -13	16 -11	17 -10	17 -17
17 -11	13 -10	14 -11	18 -11	20 -19

20 −16	18 −13	19 −11	11 −11	16 −16
17 −10	18 −10	16 −13	18 −10	17 −11
13 −12	14 −13	14 −11	15 −10	16 −10
13 −11	11 −10	17 −10	13 −12	13 −10
17 −10	20 −20	17 −11	19 −13	17 −10
18 −12	20 −19	17 −14	13 −10	18 −11
19 −11	11 −11	19 −19	20 −19	12 −10

name ....

16 −10	19 −13	13 −10	11 −10	13 −11
16 −13	10 −10	16 −14	18 −18	11 −11
13 −11	11 −11	13 −10	18 −13	17 −10
17 −11	17 −13	17 −10	14 −13	13 −10
17 −10	13 −13	19 −11	20 −10	17 −10
13 −10	19 −10	13 −11	12 −11	10 −10
11 −11	13 −12	17 −15	17 −11	19 −10

DAy69
10-20 subtracting digits

name ....

15 -11	19 -13	20 -11	16 -10	13 -11
10 -10	11 -10	15 -14	16 -10	11 -11
19 -19	14 -12	13 -11	13 -13	19 -13
19 -17	19 -19	15 -10	13 -12	13 -10
20 -14	17 -17	19 -10	17 -12	20 -10
13 -11	10 -10	13 -11	17 -13	19 -14
19 -10	13 -10	20 -17	11 -10	17 -16

name ....

20 -17	13 -10	16 -11	18 -14	19 -16
10 -10	19 -10	10 -10	20 -12	11 -11
20 -17	11 -11	17 -13	16 -13	15 -10
18 -18	18 -15	17 -11	20 -17	16 -10
16 -10	17 -17	16 -10	18 -10	13 -11
17 -15	11 -11	13 -11	19 -18	20 -20
17 -13	16 -16	17 -10	13 -13	13 -10

DAy71
10-20 subtracting digits

name ....

17 −16	17 −13	15 −11	11 −10	13 −11
19 −16	11 −10	13 −13	16 −10	11 −11
19 −15	16 −11	13 −12	17 −10	20 −10
13 −11	16 −16	13 −10	16 −15	13 −10
17 −14	13 −10	10 −16	12 −12	16 −10
17 −16	20 −19	13 −10	13 −19	11 −10
17 −13	17 −10	19 −16	18 −17	15 −10

name ....

13 −11 13	13 −10 13	17 −16 13	11 −10 13	13 −11 13
17 −15	17 −14	13 −11	20 −10	19 −11
13 −10	10 −11	16 −11	13 −13	18 −10
13 −10	20 −17	16 −11	17 −11	17 −17
13 −11	17 −19	15 −10	10 −10	18 −10
19 −19	17 −13	16 −11	20 −11	10 −10
20 −19	16 −16	14 −10	17 −15	13 −10

16	13	20	17	13
+3	+3	-13	+7	+5

17	19	17	14	19
+9	-8	+4	+4	+9

13	18	13	19	20
+10	+13	+11	-6	+7

13	17	18	17	13
+11	-6	+3	-11	+9

20	13	16	18	11
+7	-5	+7	-4	+10

17	19	18	18	20
+7	-3	+15	-6	+4

19	13	15	18	15
+7	-1	+3	-5	+4

11 +9	15 -4	13 +5	17 +5	13 +9
15 +7	11 -4	19 +10	10 -9	11 +5
15 +7	11 -4	17 +4	16 -8	18 +10
13 +17	11 -5	15 +17	14 -4	13 +15
17 +10	16 -8	13 +10	15 -6	17 +10
18 +10	17 -9	16 +11	19 -13	14 +10
20 -5	19 +17	14 -3	16 +11	18 -12

name ....

3 +10	19 -15	18 +3	11 -2	15 +11
10 -10	10 +15	15 -11	19 +14	11 -11
19 +10	17 -11	13 +17	16 -13	17 +14
13 -1	19 +5	10 -10	13 +14	13 -0
19 +15	17 -12	15 +10	10 -10	17 +17
10 -2	20 +13	16 -6	17 +7	17 -17
17 +16	13 -10	14 +11	18 -11	20 +19

DAy76
0-20 adding & subtraction digits

name ....

20 +4	18 -13	19 +17	11 -5	19 +16
17 -9	18 +13	16 -8	18 +18	17 -3
13 +13	17 -15	14 +14	15 -13	16 +18
13 +8	11 -3	17 +10	13 +12	13 -10
7 +10	20 -20	17 +11	19 -6	17 +3
18 -11	20 +19	17 -14	13 +18	18 -12
19 +2	11 -11	19 +19	20 -11	12 +12

16 +5	19 -9	13 +13	11 -2	13 +18
16 -13	19 +10	16 -14	18 +15	11 -11
13 +18	11 -1	17 +19	18 -13	17 +10
17 -11	13 +17	17 +10	14 -3	13 -10
17 +13	13 -13	19 +11	20 -10	17 +11
13 -5	10 +19	13 -11	12 +9	10 -10
11 +18	13 -12	20 +15	17 -3	19 +19

DAy78
0-20 adding & subtraction digits

SCORE /35   TIME __:__   name ....

15 +6	19 -3	20 +11	16 -7	13 +11
10 +4	11 -9	15 +14	16 -8	11 +17
19 +19	14 -7	13 +15	13 -1	19 +13
19 -7	19 +16	15 -10	13 +9	13 -3
20 +17	17 -17	19 +10	17 -12	20 +14
13 -10	10 +10	13 -2	17 +13	19 -5
19 +10	13 -7	20 +18	11 -2	17 +18

20 −9	13 +14	16 −12	18 +14	19 −14
18 +10	14 −6	19 +10	20 −13	11 +11
20 −17	18 +11	17 +13	16 −13	15 +2
18 +18	18 −5	17 +1	20 −7	16 +10
16 −12	19 +17	16 +10	18 −10	13 +15
17 +15	11 +11	13 +11	19 +18	20 +20
17 −3	19 +16	17 −10	20 +13	17 −10

17 −12	17 +5	15 −5	11 +13	13 +3
19 −16	11 +17	13 −5	16 +10	11 −9
19 +15	16 +11	13 +12	17 +10	20 +10
13 −3	16 +16	13 −12	16 +16	13 −10
17 +13	13 −10	13 +16	12 −12	16 +10
17 −8	20 +19	13 −2	13 +19	18 −11
17 +13	17 −10	19 +18	18 −7	15 +16

SOLUTION DAY 1

1 +1 2	1 +4 5	1 +2 3	2 +3 5	4 +2 6
5 +1 6	2 +0 2	1 +1 2	1 +3 4	2 +2 4
4 +1 5	2 +2 4	4 +0 4	4 +4 8	1 +5 6
4 +2 6	2 +1 3	3 +5 8	4 +3 7	4 +5 9
1 +1 2	4 +0 4	3 +5 8	1 +5 6	2 +5 7
1 +2 3	4 +1 5	3 +2 5	2 +2 4	1 +0 1
4 +1 5	5 +2 7	4 +2 6	3 +1 4	1 +4 5

SOLUTION DAY2

2 +3 5	1 +4 5	1 +2 3	1 +1 2	4 +2 6
1 +3 4	2 +0 **2**	1 +1 2	5 +1 5	2 +2 4
4 +4 8	2 +2 4	4 +0 4	4 +1 5	1 +5 6
4 +3 7	2 +1 3	3 +5 8	4 +2 6	4 +5 9
1 +5 6	4 +0 4	3 +5 8	1 +1 2	0 +5 5
3 +1 4	5 +2 7	3 +3 6	4 +1 5	1 +0 1
2 +2 4	4 +1 5	3 +2 5	1 +2 3	1 +0 1

4 +1 ___ 5	2 +0 ___ 2	1 +1 ___ 2	2 +3 ___ 5	4 +2 ___ 6
5 +1 ___ 6	5 +2 ___ 7	4 +2 ___ 6	1 +3 ___ 4	2 +2 ___ 4
4 +1 ___ 5	2 +2 ___ 4	4 +0 ___ 4	4 +4 ___ 8	1 +5 ___ 6
4 +2 ___ 6	2 +1 ___ 3	3 +5 ___ 8	4 +3 ___ 7	4 +5 ___ 9
1 +1 ___ 2	4 +0 ___ 4	3 +5 ___ 8	1 +5 ___ 6	0 +5 ___ 5
1 +1 ___ 2	1 +4 ___ 5	1 +2 ___ 3	3 +1 ___ 4	1 +0 ___ 1
1 +2 ___ 3	4 +1 ___ 5	3 +2 ___ 5	2 +2 ___ 4	1 +0 ___ 1

SOLUTION DAY 4

1 +1 2	1 +4 5	1 +2 3	2 +3 5	4 +2 6
5 +1 6	2 +0 2	4 +4 8	1 +5 6	2 +2 4
4 +1 5	4 +0 4	3 +5 8	4 +5 9	1 +5 6
4 +2 6	2 +1 3	3 +6 9	4 +3 7	4 +5 9
1 +1 2	4 +0 4	6 +1 7	1 +3 4	0 +5 5
3 +1 4	1 +0 1	4 +2 6	4 +1 5	5 +2 7
1 +2 3	2 +2 4	4 +0 4	3 +2 5	1 +0 1

SOLUTION DAY 5

$\begin{array}{r}1\\+1\\\hline 2\end{array}$	$\begin{array}{r}1\\+4\\\hline 5\end{array}$	$\begin{array}{r}1\\+2\\\hline 3\end{array}$	$\begin{array}{r}2\\+3\\\hline 5\end{array}$	$\begin{array}{r}4\\+2\\\hline 6\end{array}$
$\begin{array}{r}5\\+1\\\hline 6\end{array}$	$\begin{array}{r}2\\+0\\\hline 2\end{array}$	$\begin{array}{r}1\\+1\\\hline 2\end{array}$	$\begin{array}{r}5\\+3\\\hline 8\end{array}$	$\begin{array}{r}2\\+2\\\hline 4\end{array}$
$\begin{array}{r}4\\+2\\\hline 6\end{array}$	$\begin{array}{r}2\\+2\\\hline 4\end{array}$	$\begin{array}{r}4\\+0\\\hline 4\end{array}$	$\begin{array}{r}4\\+4\\\hline 8\end{array}$	$\begin{array}{r}1\\+5\\\hline 6\end{array}$
$\begin{array}{r}4\\+2\\\hline 6\end{array}$	$\begin{array}{r}2\\+1\\\hline 3\end{array}$	$\begin{array}{r}3\\+5\\\hline 8\end{array}$	$\begin{array}{r}4\\+3\\\hline 7\end{array}$	$\begin{array}{r}4\\+5\\\hline 9\end{array}$
$\begin{array}{r}1\\+1\\\hline 2\end{array}$	$\begin{array}{r}4\\+5\\\hline 9\end{array}$	$\begin{array}{r}3\\+5\\\hline 8\end{array}$	$\begin{array}{r}1\\+5\\\hline 6\end{array}$	$\begin{array}{r}0\\+5\\\hline 5\end{array}$
$\begin{array}{r}4\\+1\\\hline 5\end{array}$	$\begin{array}{r}5\\+2\\\hline 7\end{array}$	$\begin{array}{r}4\\+2\\\hline 6\end{array}$	$\begin{array}{r}3\\+1\\\hline 4\end{array}$	$\begin{array}{r}1\\+0\\\hline 1\end{array}$
$\begin{array}{r}1\\+2\\\hline 3\end{array}$	$\begin{array}{r}4\\+1\\\hline 5\end{array}$	$\begin{array}{r}3\\+2\\\hline 3\end{array}$	$\begin{array}{r}2\\+2\\\hline 4\end{array}$	$\begin{array}{r}5\\+1\\\hline 6\end{array}$

SOLUTION DAY 6

1 +1 — 2	1 +4 — 5	1 +2 — 3	2 +3 — 5	4 +2 — 6
5 +1 — 6	2 +0 — 2	3 +2 — 5	1 +3 — 4	2 +2 — 4
4 +1 — 5	2 +2 — 4	4 +0 — 4	4 +4 — 8	1 +0 — 1
4 +2 — 6	2 +1 — 3	3 +5 — 8	4 +3 — 7	4 +5 — 9
1 +1 — 2	4 +0 — 4	3 +5 — 8	1 +5 — 6	0 +5 — 5
4 +1 — 5	5 +2 — 7	4 +2 — 6	3 +1 — 4	1 +5 — 6
1 +2 — 3	4 +1 — 5	1 +1 — 2	2 +2 — 4	1 +0 — 1

SOLUTION DAY 7

1 +1 ― 2	4 +0 ― 4	1 +2 ― 3	2 +3 ― 5	4 +2 ― 6
5 +1 ― 6	2 +0 ― 2	1 +1 ― 2	1 +3 ― 4	2 +2 ― 4
4 +1 ― 5	5 +2 ― 7	1 +4 ― 5	4 +4 ― 8	1 +5 ― 6
1 +2 ― 3	4 +1 ― 5	3 +2 ― 5	2 +2 ― 4	1 +0 ― 1
0 +5 ― 5	2 +1 ― 3	3 +5 ― 8	1 +5 ― 6	4 +2 ― 6
4 +1 ― 5	2 +2 ― 4	4 +2 ― 6	3 +1 ― 4	1 +0 ― 1
1 +1 ― 2	4 +0 ― 4	3 +5 ― 8	4 +3 ― 7	4 +5 ― 9

SOLUTION DAY 8

1 +1 2	1 +4 5	1 +2 3	2 +3 5	4 +2 6
5 +1 6	2 +0 2	4 +4 8	1 +5 6	2 +2 4
4 +1 5	2 +2 4	4 +0 4	3 +5 8	1 +5 6
4 +2 6	2 +1 3	3 +5 8	4 +3 7	4 +5 9
1 +1 2	4 +0 4	5 +1 6	1 +3 4	0 +5 5
3 +1 4	1 +0 1	4 +2 6	4 +1 5	5 +2 7
1 +2 3	4 +1 5	3 +2 5	2 +2 4	1 +0 1

SOLUTION DAY 9

4 +3 ―― 7	4 +5 ―― 9	1 +2 ―― 3	2 +3 ―― 5	4 +2 ―― 6
5 +1 ―― 6	2 +0 ―― 2	4 +2 ―― 6	3 +1 ―― 4	2 +2 ―― 4
4 +1 ―― 5	5 +2 ―― 7	2 +2 ―― 4	4 +4 ―― 8	1 +5 ―― 6
1 +2 ―― 3	4 +1 ―― 5	1 +1 ―― 2	2 +2 ―― 4	1 +0 ―― 1
4 +2 ―― 6	2 +1 ―― 3	3 +5 ―― 8	1 +5 ―― 6	0 +5 ―― 5
4 +1 ―― 5	1 +4 ―― 5	3 +2 ―― 5	1 +3 ―― 4	1 +0 ―― 1
1 +1 ―― 2	4 +0 ―― 4	3 +5 ―― 8	1 +1 ―― 2	4 +0 ―― 4

1 −1 — 0	5 −4 — 1	2 −1 — 1	3 −3 — 0	4 −2 — 2
5 −1 — 4	2 −0 — 2	1 −1 — 0	3 −1 — 2	2 −2 — 0
4 −1 — 3	2 −2 — 0	4 −0 — 4	4 −4 — 0	5 −3 — 2
4 −2 — 2	2 −1 — 1	4 −1 — 3	4 −3 — 1	5 −1 — 4
1 −1 — 0	4 −0 — 4	5 −5 — 0	4 −2 — 2	5 −2 — 3
3 −2 — 1	4 −1 — 3	3 −1 — 2	2 −2 — 0	1 −0 — 1
4 −3 — 1	5 −2 — 3	4 −2 — 2	3 −1 — 2	5 −4 — 1

3 −3 ――― 0	4 −4 ――― 0	4 −1 ――― 3	3 −1 ――― 2	4 −2 ――― 2
4 −3 ――― 1	2 −0 ――― 2	1 −1 ――― 0	5 −1 ――― 4	2 −2 ――― 0
4 −4 ――― 0	2 −2 ――― 0	4 −0 ――― 4	4 −1 ――― 3	5 −1 ――― 4
4 −3 ――― 1	2 −1 ――― 1	5 −5 ――― 0	4 −2 ――― 2	4 −1 ――― 3
5 −5 ――― 0	4 −0 ――― 4	3 −2 ――― 1	4 −2 ――― 2	5 −5 ――― 0
3 −1 ――― 2	5 −2 ――― 3	3 −3 ――― 0	4 −1 ――― 3	1 −0 ――― 1
2 −2 ――― 0	4 −1 ――― 3	3 −2 ――― 1	2 −1 ――― 1	1 −0 ――― 1

4 −1 — 3	2 −0 — 2	1 −1 — 0	4 −3 — 1	4 −2 — 2
5 −1 — 4	5 −2 — 3	4 −2 — 2	4 −3 — 1	2 −2 — 0
4 −1 — 3	2 −2 — 0	4 −0 — 4	4 −4 — 0	5 −5 — 0
4 −2 — 2	2 −1 — 1	3 −3 — 0	4 −3 — 1	4 −0 — 4
1 −1 — 0	4 −0 — 4	5 −1 — 4	4 −2 — 2	5 −3 — 2
1 −1 — 0	5 −3 — 2	2 −1 — 1	3 −1 — 2	1 −0 — 1
4 −2 — 2	4 −1 — 3	3 −2 — 1	2 −2 — 0	1 −0 — 1

1 −1 ― 0	5 −4 ― 1	1 −0 ― 1	5 −1 ― 4	4 −2 ― 2
5 −1 ― 4	2 −0 ― 2	4 −4 ― 0	4 −2 ― 2	2 −2 ― 0
4 −1 ― 3	4 −0 ― 4	3 −2 ― 1	5 −2 ― 3	5 −5 ― 0
4 −2 ― 2	2 −1 ― 1	3 −3 ― 0	4 −3 ― 3	4 −1 ― 3
1 −1 ― 0	4 −0 ― 4	1 −1 ― 0	5 −3 ― 2	4 −1 ― 3
3 −1 ― 2	1 −0 ― 1	4 −2 ― 2	4 −1 ― 3	5 −2 ― 3
2 −0 ― 2	2 −2 ― 0	4 −0 ― 4	2 −2 ― 0	1 −0 ― 1

$$\begin{array}{r} 1 \\ -1 \\ \hline 0 \end{array} \qquad \begin{array}{r} 4 \\ -4 \\ \hline 0 \end{array} \qquad \begin{array}{r} 3 \\ -2 \\ \hline 1 \end{array} \qquad \begin{array}{r} 5 \\ -3 \\ \hline 2 \end{array} \qquad \begin{array}{r} 4 \\ -2 \\ \hline 2 \end{array}$$

$$\begin{array}{r} 5 \\ -1 \\ \hline 4 \end{array} \qquad \begin{array}{r} 2 \\ -0 \\ \hline 2 \end{array} \qquad \begin{array}{r} 1 \\ -1 \\ \hline 0 \end{array} \qquad \begin{array}{r} 5 \\ -3 \\ \hline 2 \end{array} \qquad \begin{array}{r} 2 \\ -2 \\ \hline 0 \end{array}$$

$$\begin{array}{r} 4 \\ -2 \\ \hline 2 \end{array} \qquad \begin{array}{r} 2 \\ -2 \\ \hline 0 \end{array} \qquad \begin{array}{r} 4 \\ -0 \\ \hline 4 \end{array} \qquad \begin{array}{r} 4 \\ -4 \\ \hline 0 \end{array} \qquad \begin{array}{r} 5 \\ -4 \\ \hline 1 \end{array}$$

$$\begin{array}{r} 4 \\ -2 \\ \hline 2 \end{array} \qquad \begin{array}{r} 2 \\ -1 \\ \hline 1 \end{array} \qquad \begin{array}{r} 3 \\ -1 \\ \hline 2 \end{array} \qquad \begin{array}{r} 4 \\ -3 \\ \hline 1 \end{array} \qquad \begin{array}{r} 5 \\ -3 \\ \hline 2 \end{array}$$

$$\begin{array}{r} 1 \\ -1 \\ \hline 0 \end{array} \qquad \begin{array}{r} 4 \\ -0 \\ \hline 4 \end{array} \qquad \begin{array}{r} 5 \\ -2 \\ \hline 3 \end{array} \qquad \begin{array}{r} 5 \\ -5 \\ \hline 0 \end{array} \qquad \begin{array}{r} 5 \\ -4 \\ \hline 1 \end{array}$$

$$\begin{array}{r} 4 \\ -1 \\ \hline 3 \end{array} \qquad \begin{array}{r} 5 \\ -2 \\ \hline 3 \end{array} \qquad \begin{array}{r} 4 \\ -2 \\ \hline 2 \end{array} \qquad \begin{array}{r} 3 \\ -1 \\ \hline 2 \end{array} \qquad \begin{array}{r} 1 \\ -0 \\ \hline 1 \end{array}$$

$$\begin{array}{r} 5 \\ -2 \\ \hline 3 \end{array} \qquad \begin{array}{r} 4 \\ -1 \\ \hline 3 \end{array} \qquad \begin{array}{r} 3 \\ -2 \\ \hline 3 \end{array} \qquad \begin{array}{r} 2 \\ -2 \\ \hline 0 \end{array} \qquad \begin{array}{r} 5 \\ -1 \\ \hline 4 \end{array}$$

1 −1 0	5 −4 1	3 −2 1	5 −3 2	4 −2 2
5 −1 4	2 −0 2	3 −2 1	5 −2 3	2 −2 0
4 −1 3	4 −2 2	4 −0 4	4 −4 0	1 −0 1
4 −2 2	5 −1 4	5 −5 0	4 −3 1	4 −0 4
1 −1 0	4 −0 4	5 −3 2	5 −0 5	4 −2 2
4 −1 3	5 −1 4	4 −2 2	3 −1 2	5 −2 3
1 −0 1	4 −1 3	1 −1 0	2 −2 0	1 −0 1

4 −1 — 3	4 −0 — 4	4 −3 — 1	5 −3 — 2	4 −2 — 2
5 −1 — 4	2 −0 — 2	1 −1 — 0	1 −0 — 1	2 −2 — 0
4 −2 — 2	5 −2 — 3	4 −1 — 3	4 −4 — 0	5 −0 — 5
2 −0 — 2	4 −1 — 3	3 −2 — 1	2 −2 — 0	1 −0 — 1
5 −0 — 5	2 −1 — 1	5 −5 — 0	5 −1 — 4	4 −2 — 2
4 −1 — 3	2 −2 — 0	4 −2 — 2	3 −1 — 2	1 −0 — 1
1 −1 — 0	4 −0 — 4	3 −2 — 1	4 −3 — 1	5 −4 — 1

1 −1 ― 0	5 −4 ― 1	4 −3 ― 1	5 −3 ― 2	4 −2 ― 2
5 −1 ― 4	2 −0 ― 2	4 −4 ― 0	3 −2 ― 1	2 −2 ― 0
4 −1 ― 3	2 −2 ― 0	4 −0 ― 4	5 −5 ― 0	1 −0 ― 1
4 −2 ― 2	2 −1 ― 1	3 −3 ― 0	4 −3 ― 1	4 −3 ― 1
1 −1 ― 0	4 −0 ― 4	1 −1 ― 0	3 −1 ― 2	5 −0 ― 5
3 −1 ― 2	1 −0 ― 1	4 −2 ― 2	4 −1 ― 3	5 −2 ― 3
2 −2 ― 0	4 −1 ― 3	3 −2 ― 1	2 −2 ― 0	1 −0 ― 1

SOLUTION DAY 18

4 -3 — 1	5 -4 — 1	5 -2 — 3	3 -3 — 0	4 -2 — 2
5 -1 — 4	2 -0 — 2	4 -2 — 2	3 -1 — 2	2 -2 — 0
4 -1 — 3	5 -2 — 3	2 -2 — 0	4 -4 — 0	5 -5 — 0
2 -1 — 1	4 -1 — 3	1 -1 — 0	2 -2 — 0	1 -0 — 1
4 -2 — 2	2 -1 — 1	5 -5 — 0	4 -3 — 1	5 -0 — 4
4 -1 — 3	5 -4 — 1	3 -2 — 1	5 -3 — 2	1 -0 — 1
1 -1 — 0	4 -4 — 0	5 -3 — 2	1 -1 — 0	4 -0 — 4

SOLUTION DAY 19

6 +1 —— 7	4 +4 —— 8	1 +5 —— 6	2 +6 —— 8	4 +3 —— 7
5 +4 —— 9	2 +0 —— 2	1 +1 —— 2	1 +3 —— 4	2 +2 —— 4
4 +1 —— 5	2 +4 —— 6	4 +5 —— 9	4 +6 —— 10	1 +7 —— 8
4 +2 —— 6	2 +1 —— 3	3 +5 —— 8	4 +3 —— 7	4 +5 —— 9
1 +1 —— 2	4 +5 —— 9	6 +5 —— 11	1 +5 —— 6	2 +5 —— 7
1 +2 —— 3	4 +1 —— 5	3 +2 —— 5	2 +2 —— 4	1 +7 —— 8
4 +6 —— 10	5 +2 —— 7	4 +2 —— 6	3 +7 —— 10	1 +4 —— 5

SOLUTION DAY 20

2 +3 ― 5	1 +4 ― 5	1 +2 ― 3	1 +1 ― 2	4 +2 ― 6
1 +3 ― 4	2 +0 ― 2	1 +5 ― 6	5 +1 ― 6	2 +2 ― 4
4 +4 ― 8	2 +2 ― 4	7 +0 ― 7	5 +1 ― 6	3 +5 ― 8
4 +3 ― 7	2 +1 ― 3	3 +5 ― 8	4 +2 ― 6	4 +5 ― 9
1 +5 ― 6	4 +0 ― 4	3 +5 ― 8	6 +5 ― 11	7 +5 ― 12
7 +0 ― 7	5 +2 ― 7	3 +3 ― 6	4 +1 ― 5	1 +5 ― 6
2 +2 ― 4	4 +7 ― 11	3 +2 ― 5	6 +2 ― 8	1 +0 ― 1

4 +5 9	2 +6 8	1 +1 2	2 +3 5	4 +2 6
5 +1 6	5 +2 7	4 +2 6	1 +3 4	2 +2 4
4 +1 4	7 +2 9	4 +7 11	4 +4 8	1 +5 6
4 +2 6	2 +5 7	3 +5 8	4 +3 9	4 +5 9
1 +1 2	4 +0 4	3 +5 8	1 +5 6	0 +5 5
5 +5 10	1 +4 5	6 +2 8	3 +1 4	7 +7 14
1 +2 3	4 +5 9	3 +2 5	2 +2 4	1 +0 1

1 +1 2	1 +4 5	1 +2 3	2 +3 5	6 +6 12
5 +1 6	2 +0 2	4 +4 8	1 +5 6	7 +2 9
4 +1 5	4 +0 4	3 +5 8	3 +5 8	6 +5 11
4 +2 6	2 +1 3	7 +5 12	4 +3 7	4 +5 9
1 +1 2	4 +0 4	1 +1 2	1 +3 4	7 +5 12
3 +1 4	1 +7 8	4 +7 11	4 +1 5	5 +2 7
1 +2 3	2 +2 4	4 +0 4	2 +2 4	1 +0 1

6 +3 9	7 +4 11	4 +2 6	2 +3 5	4 +7 11
5 +1 6	2 +0 2	1 +1 2	5 +3 8	2 +2 4
4 +2 6	2 +2 4	4 +0 4	4 +4 8	1 +5 6
4 +2 6	4 +7 11	3 +5 8	4 +3 7	4 +5 9
7 +3 10	4 +5 8	3 +5 7	1 +5 6	7 +5 12
4 +1 5	5 +2 7	4 +2 6	3 +1 4	7 +0 7
1 +2 3	4 +1 5	3 +2 5	7 +2 9	5 +5 10

1	1	1	2	4
$+1$	$+4$	$+2$	$+3$	$+2$
2	5	3	5	6

5	2	3	1	2
$+1$	$+0$	$+2$	$+3$	$+2$
6	2	5	4	4

4	2	4	4	1
$+1$	$+2$	$+0$	$+4$	$+0$
5	4	4	8	1

4	2	3	4	4
$+2$	$+1$	$+5$	$+3$	$+5$
6	3	8	7	9

1	4	3	7	0
$+1$	$+0$	$+5$	$+5$	$+5$
2	4	8	12	5

4	5	4	3	1
$+1$	$+2$	$+2$	$+1$	$+5$
5	7	6	4	6

1	4	1	2	7
$+2$	$+5$	$+1$	$+5$	$+6$
3	9	2	7	13

1 +7 — 8	4 +0 — 4	5 +2 — 7	2 +3 — 5	4 +6 — 10
5 +5 — 10	2 +5 — 7	1 +1 — 2	1 +3 — 4	2 +2 — 4
4 +1 — 5	5 +2 — 7	7 +4 — 11	6 +4 — 10	1 +5 — 6
6 +2 — 8	4 +1 — 5	3 +2 — 5	2 +7 — 9	6 +0 — 6
6 +5 — 11	7 +7 — 14	3 +5 — 8	1 +5 — 6	4 +2 — 6
7 +1 — 8	2 +2 — 4	4 +2 — 6	3 +1 — 4	1 +0 — 1
1 +4 — 5	4 +6 — 10	3 +5 — 8	4 +3 — 7	4 +5 — 9

SOLUTION DAY 26

7 +6 — 13	7 +4 — 11	1 +2 — 3	2 +3 — 5	4 +2 — 6
5 +1 — 6	2 +0 — 2	4 +4 — 8	1 +5 — 6	2 +2 — 4
4 +1 — 5	6 +2 — 8	4 +0 — 4	7 +5 — 12	1 +5 — 6
4 +2 — 6	2 +6 — 8	3 +5 — 8	6 +3 — 9	4 +5 — 9
7 +3 — 10	4 +0 — 4	1 +1 — 2	1 +3 — 4	0 +5 — 5
3 +1 — 4	1 +0 — 1	4 +5 — 9	4 +1 — 5	5 +2 — 7
7 +4 — 11	7 +1 — 8	3 +6 — 9	2 +7 — 9	1 +0 — 1

4 +3 — 7	4 +5 — 9	5 +6 — 11	2 +3 — 5	4 +2 — 6
5 +1 — 6	2 +0 — 2	4 +2 — 6	3 +1 — 4	2 +2 — 4
4 +1 — 5	5 +2 — 7	2 +2 — 4	4 +4 — 8	1 +5 — 6
3 +2 — 5	4 +6 — 10	6 +1 — 7	2 +2 — 4	1 +0 — 1
4 +2 — 6	7 +1 — 8	3 +5 — 8	1 +5 — 6	0 +5 — 5
4 +1 — 5	1 +4 — 5	3 +2 — 5	1 +3 — 4	1 +0 — 1
1 +1 — 2	6 +6 — 12	3 +5 — 8	7 +0 — 7	4 +0 — 4

6 −1 — 5	4 −4 — 0	7 −5 — 2	6 −6 — 0	4 −3 — 1
5 −4 — 1	2 −0 — 2	1 −1 — 0	3 −3 — 0	2 −2 — 0
4 −1 — 3	5 −4 — 1	5 −5 — 0	7 −6 — 1	7 −7 — 0
4 −2 — 2	2 −1 — 1	7 −5 — 2	4 −3 — 1	6 −5 — 1
1 −1 — 0	6 −1 — 5	6 −5 — 1	7 −5 — 2	2 −0 — 2
5 −2 — 3	4 −1 — 3	3 −2 — 1	2 −2 — 0	7 −7 — 0
4 −0 — 4	5 −2 — 3	4 −2 — 2	3 −1 — 2	5 −4 — 1

6 −3 ── 3	7 −4 ── 3	5 −2 ── 3	1 −1 ── 0	4 −2 ── 2
4 −3 ── 1	2 −0 ── 2	6 −5 ── 1	5 −1 ── 4	2 −2 ── 0
4 −4 ── 0	2 −1 ── 1	7 −0 ── 7	5 −1 ── 4	5 −5 ── 0
4 −3 ── 1	2 −1 ── 1	6 −5 ── 1	4 −2 ── 2	6 −5 ── 1
5 −5 ── 0	4 −0 ── 4	3 −1 ── 2	6 −5 ── 1	7 −5 ── 2
7 −0 ── 7	5 −2 ── 3	3 −3 ── 0	4 −1 ── 3	1 −1 ── 0
2 −2 ── 0	4 −1 ── 3	3 −2 ── 1	6 −2 ── 4	1 −0 ── 1

4 −1 ―― 3	6 −6 ―― 0	1 −1 ―― 0	5 −3 ―― 2	4 −2 ―― 2
5 −1 ―― 4	5 −2 ―― 3	4 −2 ―― 2	5 −3 ―― 2	2 −2 ―― 0
4 −1 ―― 3	7 −2 ―― 5	4 −3 ―― 1	4 −4 ―― 0	1 −0 ―― 1
4 −2 ―― 2	6 −5 ―― 2	3 −1 ―― 2	4 −3 ―― 1	6 −5 ―― 1
1 −1 ―― 0	4 −0 ―― 4	6 −5 ―― 1	6 −1 ―― 5	6 −5 ―― 1
5 −5 ―― 0	4 −4 ―― 0	6 −2 ―― 4	3 −1 ―― 2	7 −7 ―― 0
2 −2 ―― 0	4 −2 ―― 2	3 −2 ―― 1	2 −2 ―― 0	1 −0 ―― 1

1 −1 **0**	5 −4 **1**	3 −2 **1**	5 −3 **2**	6 −6 **0**
5 −1 **4**	2 −0 **2**	4 −4 **0**	5 −5 **0**	7 −2 **5**
4 −1 **3**	4 −0 **4**	3 −0 **3**	6 −5 **1**	6 −2 **4**
4 −2 **2**	2 −1 **1**	7 −5 **2**	4 −3 **1**	4 −4 **0**
1 −1 **0**	4 −0 **4**	1 −1 **0**	3 −1 **2**	7 −5 **2**
3 −1 **2**	7 −7 **0**	4 −0 **4**	4 −1 **3**	5 −2 **3**
7 −2 **5**	2 −2 **0**	4 −0 **4**	2 −2 **0**	1 −0 **1**

SOLUTION DAY 32

6 −3 ― 3	7 −4 ― 3	4 −2 ― 2	3 −2 ― 1	4 −0 ― 4
5 −1 ― 4	2 −0 ― 2	1 −1 ― 0	5 −3 ― 2	2 −2 ― 2
4 −2 ― 2	2 −2 ― 0	4 −0 ― 4	4 −4 ― 0	1 −0 ― 1
4 −2 ― 2	7 −3 ― 4	7 −5 ― 2	4 −3 ― 1	4 −2 ― 2
7 −3 ― 4	5 −5 ― 0	6 −5 ― 1	6 −5 ― 1	7 −5 ― 2
4 −1 ― 3	5 −2 ― 3	4 −2 ― 2	3 −1 ― 2	7 −0 ― 7
2 −1 ― 1	4 −1 ― 3	3 −2 ― 1	7 −2 ― 5	5 −5 ― 0

SOLUTION DAY 33

1 −1 ― 0	7 −4 ― 3	5 −2 ― 3	6 −3 ― 3	4 −2 ― 2
5 −1 ― 4	2 −0 ― 2	3 −2 ― 1	1 −0 ― 1	2 −2 ― 0
4 −1 ― 3	2 −2 ― 0	4 −0 ― 4	4 −4 ― 0	1 −0 ― 1
4 −2 ― 2	2 −1 ― 1	6 −5 ― 1	4 −3 ― 1	7 −5 ― 2
1 −1 ― 0	4 −0 ― 4	7 −2 ― 5	7 −5 ― 2	0 −0 ― 0
4 −1 ― 2	5 −2 ― 3	4 −2 ― 2	3 −1 ― 2	5 −5 ― 0
5 −2 ― 3	4 −0 ― 4	1 −1 ― 0	2 −1 ― 1	7 −6 ― 1

SOLUTION DAY 34

7 −1 6	4 −0 4	5 −2 3	3 −2 1	6 −4 2
5 −5 0	7 −5 2	1 −1 0	4 −3 1	2 −2 0
4 −1 3	5 −2 3	7 −4 3	6 −4 2	6 −5 1
6 −2 4	4 −3 1	3 −2 1	7 −7 0	6 −0 6
6 −5 1	7 −7 0	6 −2 4	1 −0 1	4 −2 2
7 −1 6	2 −2 0	4 −2 2	3 −1 2	1 −0 1
5 −4 1	7 −6 1	6 −5 1	4 −3 1	5 −4 1

SOLUTION DAY 35

7 −6 **1**	7 −4 **3**	4 −2 **2**	3 −3 **0**	4 −2 **2**
5 −1 **4**	2 −0 **2**	4 −4 **0**	6 −5 **1**	2 −2 **0**
4 −1 **3**	6 −2 **4**	4 −0 **4**	7 −5 **2**	5 −1 **4**
4 −2 **2**	2 −0 **2**	3 −1 **2**	6 −3 **3**	7 −5 **2**
7 −3 **4**	4 −0 **4**	1 −1 **0**	5 −3 **2**	0 −0 **0**
3 −1 **2**	1 −0 **1**	4 −4 **0**	4 −1 **3**	5 −2 **3**
7 −4 **3**	7 −1 **6**	3 −1 **2**	7 −7 **0**	1 −0 **1**

4 −3 ― 1	4 −1 ― 3	7 −6 ― 1	3 −3 ― 0	4 −2 ― 2
5 −1 ― 4	2 −0 ― 2	4 −2 ― 2	3 −1 ― 2	2 −2 ― 0
4 −1 ― 3	5 −2 ― 3	2 −2 ― 0	4 −4 ― 0	6 −5 ― 1
3 −2 ― 1	6 −6 ― 0	6 −1 ― 5	2 −2 ― 0	1 −0 ― 1
4 −2 ― 2	7 −1 ― 6	7 −5 ― 2	6 −5 ― 1	0 −0 ― 0
4 −1 ― 3	1 −1 ― 0	3 −2 ― 1	4 −3 ― 1	1 −0 ― 1
1 −1 ― 0	6 −6 ― 0	3 −1 ― 2	7 −0 ― 7	4 −0 ― 4

6 +1 7	4 +4 8	9 +9 18	6 +2 8	4 +3 7
5 +4 9	10 +9 19	10 +1 11	8 +3 11	7 +5 12
4 +1 5	10 +4 14	7 +5 12	9 +6 15	8 +7 15
4 +2 6	9 +5 14	10 +5 15	8 +3 11	6 +2 8
9 +4 13	9 +5 14	6 +5 11	10 +5 15	6 +4 10
7 +2 9	10 +7 17	8 +4 12	10 +1 11	8 +7 15
4 +1 5	5 +2 7	6 +2 8	9 +7 16	10 +4 14

8 +3 11	8 +4 12	9 +2 11	10 +1 11	4 +2 6
10 +3 13	8 +0 8	7 +5 12	5 +1 6	2 +2 4
4 +4 8	2 +2 4	7 +0 7	5 +1 6	9 +5 14
6 +3 9	5 +1 6	10 +5 15	4 +2 6	7 +5 12
9 +5 14	4 +0 4	9 +5 14	6 +5 11	7 +5 12
8 +2 10	9 +2 11	8 +3 11	4 +1 5	10 +6 16
8 +4 12	10 +7 17	3 +2 5	6 +2 8	10 +8 18

SOLUTION DAY 39

6 +5 11	7 +6 13	1 +1 2	6 +3 9	4 +2 6
5 +1 6	5 +2 7	4 +2 6	9 +3 12	2 +2 4
4 +1 5	7 +2 9	9 +7 16	4 +4 8	10 +5 15
4 +2 6	9 +5 14	3 +3 6	4 +1 5	7 +5 12
9 +1 10	7 +3 10	8 +5 13	10 +5 15	7 +4 11
5 +5 10	8 +4 12	6 +2 8	3 +1 4	7 +7 14
7 +2 9	8 +5 13	3 +2 5	10 +2 12	7 +3 10

SOLUTION DAY 40

10 +1 11	10 +4 14	9 +2 11	8 +3 11	6 +6 12
10 +1 11	2 +0 2	4 +4 8	8 +5 13	7 +2 9
10 +2 12	8 +0 8	5 +5 10	9 +5 14	6 +5 11
4 +2 6	2 +1 3	7 +5 12	4 +3 7	5 +5 10
7 +1 8	4 +0 4	8 +8 16	9 +3 12	7 +5 12
7 +4 11	9 +9 18	10 +7 17	8 +4 12	5 +2 7
9 +2 11	8 +2 10	9 +4 13	10 +6 16	10 +0 10

6 +3 --- 9	10 +4 --- 14	4 +3 --- 7	10 +3 --- 13	8 7 --- 15
5 +1 --- 6	10 +10 --- 20	6 +1 --- 7	5 +3 --- 8	2 +2 --- 4
4 +2 --- 6	2 +2 --- 4	7 +1 --- 8	8 +4 --- 12	7 +5 --- 12
4 +2 --- 6	8 +7 --- 15	8 +5 --- 13	4 +3 --- 7	9 +5 --- 14
7 +5 --- 12	9 +9 --- 18	9 +5 --- 14	10 +5 --- 15	7 +5 --- 12
8 +5 --- 13	9 +6 --- 15	4 +2 --- 6	8 +3 --- 11	10 +0 --- 10
8 +2 --- 10	4 +1 --- 5	7 +2 --- 9	7 +6 --- 13	9 +5 --- 14

7 +1 8	8 +4 12	6 +2 8	6 +3 9	4 +2 6
5 +1 6	10 +8 18	10 +5 15	6 +3 9	2 +2 4
6 +5 11	8 +4 12	9 +9 **18**	4 +4 8	5 +0 5
7 +3 10	9 +4 13	8 +5 13	10 +7 17	5 +4 9
10 +1 11	7 +0 7	9 +5 14	7 +5 12	10 +5 15
10 +10 20	10 +8 18	4 +2 6	9 +8 17	9 +5 14
9 +7 16	6 +3 9	7 +7 14	9 +5 14	7 +6 13

9 +7 16	4 +0 4	5 +2 7	6 +3 9	6 +6 12
5 +5 10	9 +5 14	10 +5 15	7 +4 11	2 +2 5
4 +3 7	5 +2 7	7 +4 11	6 +4 10	8 +5 13
10 +9 19	8 +1 9	9 +2 11	10 +7 17	6 +0 6
6 +5 11	7 +7 14	8 +5 13	9 +5 14	4 +2 6
10 +9 19	8 +2 10	4 +2 6	3 +1 4	1 +0 1
7 +4 11	6 +6 12	8 +8 16	4 +3 7	8 +5 13

SOLUTION DAY 44

7 +6 13	7 +4 11	10 +2 12	3 +3 6	4 +2 6
9 +1 10	2 +0 2	4 +4 8	7 +5 12	2 +2 4
4 +1 5	6 +2 8	9 +2 11	7 +5 12	10 +5 15
4 +2 6	7 +6 13	9 +5 14	6 +3 9	9 +5 14
7 +3 10	10 +10 20	9 +6 15	8 +3 11	6 +5 11
10 +8 18	9 +5 14	10 +3 13	9 +4 13	10 +2 12
7 +4 11	7 +1 8	9 +6 15	10 +7 17	8 +6 14

SOLUTION DAY 45

4 +3 7	7 +5 12	6 +6 12	7 +3 10	4 +2 6
5 +1 6	10 +8 18	4 +2 6	8 +3 11	8 +2 10
6 +3 9	5 +2 7	2 +2 4	4 +4 8	8 +5 13
9 +5 14	4 +7 11	6 +1 7	2 +2 4	10 +9 19
4 +2 6	7 +7 14	9 +5 14	10 +5 15	0 +0 0
4 +4 8	10 +4 14	3 +2 5	10 +3 13	8 +5 13
9 +9 18	6 +6 12	8 +5 13	7 +2 9	10 +10 20

SOLUTION DAY 46

6 −1 **5**	4 −4 **0**	9 −9 **0**	6 −2 **4**	4 −3 **1**
5 −4 **1**	10 −9 **1**	10 −1 **9**	8 −3 **5**	7 −5 **2**
4 −1 **3**	10 −4 **6**	7 −5 **2**	9 −6 **3**	8 −7 **1**
4 −2 **2**	9 −5 **4**	10 −5 **5**	8 −3 **5**	6 −2 **4**
9 −4 **5**	9 −5 **4**	6 −5 **1**	10 −5 **5**	6 −4 **2**
7 −2 **5**	10 −7 **3**	8 −4 **4**	10 −1 **9**	8 −7 **1**
4 −1 **3**	5 −2 **3**	6 −2 **4**	9 −7 **1**	10 −4 **6**

SOLUTION DAY 47

8 −3 **5**	8 −4 **4**	9 −2 **7**	10 −1 **9**	4 −2 **2**
10 −3 **7**	8 −0 **8**	7 −5 **2**	5 −1 **4**	2 −2 **0**
4 −4 **0**	2 −2 **0**	7 −0 **7**	5 −1 **4**	9 −5 **4**
6 −3 **3**	5 −1 **4**	10 −5 **5**	4 −2 **2**	7 −5 **2**
9 −5 **4**	4 −0 **4**	9 −5 **4**	6 −5 **1**	7 −5 **2**
8 −2 **6**	9 −2 **7**	8 −3 **5**	4 −1 **3**	10 −6 **4**
8 −4 **4**	10 −7 **3**	3 −2 **1**	6 −2 **4**	10 −8 **2**

SOLUTION DAY 48

6 −5 **1**	7 −6 **1**	1 −1 **0**	6 −3 **3**	4 −2 **2**
5 −1 **4**	5 −2 **3**	4 −2 **2**	9 −3 **6**	2 −2 **0**
4 −1 **3**	7 −2 **5**	9 −7 **2**	4 −4 **0**	10 −5 **5**
4 −2 **2**	9 −5 **4**	3 −3 **0**	4 −1 **3**	7 −5 **2**
9 −1 **8**	7 −3 **4**	8 −5 **3**	10 −5 **5**	7 −4 **3**
5 −5 **0**	8 −4 **4**	6 −2 **4**	3 −1 **2**	7 −7 **0**
7 −2 **5**	8 −5 **3**	3 −2 **1**	10 −2 **8**	7 −3 **4**

SOLUTION DAY 49

10 −1 9	10 −4 6	9 −2 7	8 −3 5	6 −6 0
10 −1 9	2 −0 2	4 −4 0	8 −5 3	7 −2 5
10 −2 8	8 −0 8	5 −5 0	9 −5 4	6 −5 1
4 −2 2	2 −1 1	7 −5 2	4 −3 1	5 −5 0
7 −1 6	4 −0 4	8 −8 0	9 −3 6	7 −5 2
7 −4 3	9 −9 0	10 −7 3	8 −4 4	5 −2 3
9 −2 7	8 −2 6	9 −4 5	10 −6 4	10 −0 10

SOLUTION DAY 50

6 −3 **3**	10 −4 **6**	4 −3 **1**	10 −3 **7**	8 7 **1**
5 −1 **4**	10 −10 **0**	6 −1 **5**	5 −3 **2**	2 −2 **0**
4 −2 **2**	2 −2 **0**	7 −1 **6**	8 −4 **4**	7 −5 **2**
4 −2 **2**	8 −7 **1**	8 −5 **3**	4 −3 **1**	9 −5 **4**
7 −5 **2**	9 −9 **0**	9 −5 **4**	10 −5 **5**	7 −5 **2**
8 −5 **3**	9 −6 **3**	4 −2 **2**	8 −3 **5**	10 −0 **8**
8 −2 **6**	4 −1 **3**	7 −2 **5**	7 −6 **1**	9 −5 **4**

7 −1 6	8 −4 4	6 −2 4	6 −3 3	4 −2 2
5 −1 4	10 −8 2	10 −5 5	6 −3 3	2 −2 0
6 −5 1	8 −4 4	9 −9 0	4 −4 0	5 −0 5
7 −3 4	9 −4 5	8 −5 4	10 −7 3	5 −4 1
10 −1 9	7 −0 7	9 −5 4	7 −5 2	10 −5 5
10 −10 0	10 −8 2	4 −2 2	9 −8 1	9 −5 4
9 −7 2	6 −3 3	7 −7 0	9 −5 4	7 −6 1

SOLUTION DAY 52

9 −7 ―― 2	4 −0 ―― 4	5 −2 ―― 3	6 −3 ―― 3	6 −6 ―― 0
5 −5 ―― 0	9 −5 ―― 4	10 −5 ―― 5	7 −4 ―― 3	2 −2 ―― 0
4 −3 ―― 1	5 −2 ―― 3	7 −4 ―― 3	6 −4 ―― 2	8 −5 ―― 3
10 −9 ―― 1	8 −1 ―― 7	9 −2 ―― 7	10 −7 ―― 3	6 −0 ―― 6
6 −5 ―― 1	7 −7 ―― 0	8 −5 ―― 3	9 −5 ―― 4	4 −2 ―― 2
10 −9 ―― 1	8 −2 ―― 6	4 −2 ―― 2	3 −1 ―― 2	1 −0 ―― 1
7 −4 ―― 3	6 −6 ―― 0	8 −8 ―― 0	4 −3 ―― 1	8 −5 ―― 3

7 −6 **1**	7 −4 **3**	10 −2 **8**	3 −3 **0**	4 −2 **2**
9 −1 **8**	2 −0 **2**	4 −4 **0**	7 −5 **2**	2 −2 **0**
4 −1 **3**	6 −2 **4**	9 −2 **7**	7 −5 **2**	10 −5 **5**
4 −2 **2**	7 −6 **1**	9 −5 **4**	6 −3 **3**	9 −5 **4**
7 −3 **4**	10 −10 **0**	9 −6 **3**	8 −3 **5**	6 −5 **1**
10 −8 **2**	9 −5 **4**	10 −3 **7**	9 −4 **5**	10 −2 **8**
7 −4 **3**	7 −1 **6**	9 −6 **3**	10 −7 **3**	8 −6 **2**

4 −3 ― 1	7 −5 ― 2	6 −6 ― 0	7 −3 ― 4	4 −2 ― 2
5 −1 ― 4	10 −8 ― 2	4 −2 ― 2	8 −3 ― 5	8 −2 ― 6
6 −3 ― 3	5 −2 ― 3	2 −2 ― 0	4 −4 ― 0	8 −5 ― 3
9 −5 ― 4	7 −4 ― 3	6 −1 ― 5	2 −2 ― 0	10 −9 ― 1
4 −2 ― 2	7 −7 ― 0	9 −5 ― 4	10 −5 ― 5	0 −0 ― 0
4 −4 ― 0	10 −4 ― 6	3 −2 ― 1	10 −3 ― 7	8 −5 ― 3
9 −9 ― 0	6 −6 ― 0	8 −5 ― 3	7 −2 ― 5	10 −10 ― 0

16 +12 28	13 +13 26	20 +13 33	17 +16 33	13 +10 23
19 +13 32	19 +12 31	10 +10 20	14 +13 27	19 +19 18
13 +10 23	18 +13 31	13 +11 24	19 +16 35	20 +17 37
13 +11 24	17 +10 27	18 +10 28	17 +11 28	13 +10 23
20 +19 39	13 +10 23	16 +10 26	18 +10 28	11 +10 21
17 +11 28	19 +17 36	18 +11 29	18 +16 34	20 +17 37
19 +16 35	13 +11 24	15 +11 26	18 +17 35	15 +13 28

11 +11 22	15 +13 28	13 +11 24	17 +15 32	13 +11 24
15 +10 25	11 +11 22	19 +10 29	10 +10 20	11 +11 22
13 +13 26	11 +11 22	17 +12 29	16 +15 31	18 +10 28
13 +12 25	11 +11 22	15 +10 25	15 +11 26	13 +11 24
11 +10 21	16 +14 30	13 +10 23	16 +10 26	17 +10 27
18 +10 28	17 +14 31	16 +11 27	19 +16 35	14 +10 24
20 +19 39	19 +17 36	14 +13 27	16 +11 27	18 +12 30

13 +10 — 23	19 +12 — 31	18 +13 — 31	11 +10 — 21	13 +11 — 24
10 +10 — 20	10 +11 — 21	13 +11 — 24	19 +14 — 33	11 +11 — 22
19 +10 — 29	17 +11 — 28	13 +17 — 30	13 +13 — 26	17 +10 — 27
13 +11 — 24	19 +10 — 29	10 +10 — 20	13 +14 — 27	13 +10 — 23
19 +14 — 33	17 +12 — 29	15 +10 — 25	10 +10 — 20	17 +13 — 30
10 +10 — 20	20 +13 — 33	16 +11 — 27	17 +10 — 27	17 +17 — 34
17 +11 — 28	13 +10 — 23	14 +11 — 25	18 +11 — 29	20 +19 — 39

20 +16 —— 36	18 +13 —— 31	19 +11 —— 30	11 +11 —— 22	16 +16 —— 32
17 +10 —— 27	18 +10 —— 28	16 +13 —— 29	18 +10 —— 28	17 +11 —— 28
13 +12 —— 25	14 +13 —— 27	14 +11 —— 25	15 +10 —— 25	16 +10 —— 26
13 +11 —— 24	11 +10 —— 21	17 +10 —— 27	13 +12 —— 25	13 +10 —— 23
17 +10 —— 27	20 +20 —— 40	17 +11 —— 28	19 +13 —— 32	17 +10 —— 27
18 +12 —— 30	20 +19 —— 39	17 +14 —— 31	13 +10 —— 23	18 +11 —— 29
19 +11 —— 30	11 +11 —— 22	19 +19 —— 38	20 +19 —— 39	12 +10 —— 22

16 +10 26	19 +13 32	13 +10 23	11 +10 21	13 +11 24
16 +13 29	10 +10 20	16 +14 30	18 +18 36	11 +11 22
13 +11 24	11 +11 22	13 +10 23	18 +13 31	17 +10 27
17 +11 28	13 +17 30	17 +10 27	14 +13 27	13 +10 23
17 +10 27	13 +13 26	19 +11 30	20 +10 30	17 +10 27
13 +10 23	10 +19 29	13 +11 24	12 +11 23	10 +10 20
11 +11 22	13 +12 25	17 +15 32	17 +11 28	19 +10 29

15 +11 ――― 26	19 +13 ――― 32	20 +11 ――― 31	16 +10 ――― 26	13 +11 ――― 24
10 +10 ――― 20	11 +10 ――― 21	15 +14 ――― 29	16 +10 ――― 26	11 +11 ――― 22
19 +19 ――― 38	14 +12 ――― 26	13 +11 ――― 24	13 +13 ――― 26	19 +13 ――― 32
19 +17 ――― 36	19 +19 ――― 38	15 +10 ――― 25	13 +12 ――― 25	13 +10 ――― 26
20 +14 ――― 34	17 +17 ――― 34	19 +10 ――― 29	17 +12 ――― 29	20 +10 ――― 30
13 +11 ――― 24	10 +10 ――― 20	13 +11 ――― 24	17 +13 ――― 30	19 +14 ――― 33
19 +10 ――― 29	13 +10 ――― 23	20 +17 ――― 37	11 +10 ――― 21	17 +16 ――― 33

20 +17 **37**	13 +10 **23**	16 +11 **27**	18 +14 **32**	19 +16 **35**
10 +10 **20**	19 +10 **29**	10 +10 **20**	20 +12 **32**	11 +11 **22**
20 +17 **37**	11 +11 **22**	17 +13 **30**	16 +13 **29**	15 +10 **25**
18 +18 **36**	18 +15 **33**	17 +11 **28**	20 +17 **37**	16 +10 **26**
16 +10 **26**	17 +17 **34**	16 +10 **26**	18 +10 **28**	13 +11 **24**
17 +15 **32**	11 +11 **22**	13 +11 **24**	19 +18 **37**	20 +20 **40**
17 +13 **30**	16 +16 **32**	17 +10 **27**	13 +13 **26**	13 +10 **23**

17 +16 —— 33	17 +13 —— 30	15 +11 —— 26	11 +13 —— 24	13 +11 —— 24
19 +16 —— 35	11 +10 —— 21	13 +13 —— 26	16 +10 —— 26	11 +11 —— 22
19 +15 —— 34	16 +11 —— 27	13 +12 —— 25	17 +10 —— 27	20 +10 —— 30
13 +11 —— 24	16 +16 —— 32	13 +10 —— 23	16 +15 —— 31	13 +10 —— 23
17 +14 —— 31	13 +10 —— 23	10 +16 —— 26	12 +12 —— 24	16 +10 —— 26
17 +16 —— 33	20 +19 —— 39	13 +10 —— 23	13 +19 —— 32	10 +11 —— 21
17 +13 —— 30	17 +10 —— 27	19 +16 —— 35	18 +17 —— 35	15 +10 —— 25

13 +11 24	13 +10 23	17 +16 33	11 +10 21	13 +11 24
17 +15 32	17 +15 32	13 +11 24	20 +10 30	19 +11 30
13 +10 23	10 +11 31	16 +11 27	13 +13 26	18 +10 28
13 +10 23	20 +17 37	16 +11 27	17 +11 28	17 +17 34
13 +11 24	17 +19 36	15 +10 25	10 +10 20	18 +10 28
19 +19 38	17 +13 30	16 +11 27	20 +11 31	10 +10 20
20 +19 39	16 +16 32	14 +10 24	17 +15 32	13 +10 23

SOLUTION DAY 64

$\begin{array}{r}16\\-12\\\hline 4\end{array}$	$\begin{array}{r}13\\-13\\\hline 0\end{array}$	$\begin{array}{r}20\\-13\\\hline 7\end{array}$	$\begin{array}{r}17\\-16\\\hline 1\end{array}$	$\begin{array}{r}13\\-10\\\hline 3\end{array}$
$\begin{array}{r}19\\-13\\\hline 6\end{array}$	$\begin{array}{r}19\\-12\\\hline 7\end{array}$	$\begin{array}{r}10\\-10\\\hline 0\end{array}$	$\begin{array}{r}14\\-13\\\hline 1\end{array}$	$\begin{array}{r}19\\-19\\\hline 0\end{array}$
$\begin{array}{r}13\\-10\\\hline 3\end{array}$	$\begin{array}{r}18\\-13\\\hline 5\end{array}$	$\begin{array}{r}13\\-11\\\hline 2\end{array}$	$\begin{array}{r}19\\-16\\\hline 3\end{array}$	$\begin{array}{r}20\\-17\\\hline 3\end{array}$
$\begin{array}{r}13\\-11\\\hline 2\end{array}$	$\begin{array}{r}17\\-10\\\hline 7\end{array}$	$\begin{array}{r}18\\-10\\\hline 8\end{array}$	$\begin{array}{r}17\\-11\\\hline 6\end{array}$	$\begin{array}{r}13\\-10\\\hline 3\end{array}$
$\begin{array}{r}20\\-19\\\hline 1\end{array}$	$\begin{array}{r}13\\-10\\\hline 3\end{array}$	$\begin{array}{r}16\\-10\\\hline 6\end{array}$	$\begin{array}{r}18\\-10\\\hline 8\end{array}$	$\begin{array}{r}11\\-10\\\hline 1\end{array}$
$\begin{array}{r}17\\-11\\\hline 6\end{array}$	$\begin{array}{r}19\\-17\\\hline 2\end{array}$	$\begin{array}{r}18\\-11\\\hline 7\end{array}$	$\begin{array}{r}18\\-16\\\hline 2\end{array}$	$\begin{array}{r}20\\-17\\\hline 3\end{array}$
$\begin{array}{r}19\\-16\\\hline 3\end{array}$	$\begin{array}{r}13\\-11\\\hline 2\end{array}$	$\begin{array}{r}15\\-11\\\hline 4\end{array}$	$\begin{array}{r}18\\-17\\\hline 1\end{array}$	$\begin{array}{r}15\\-13\\\hline 2\end{array}$

11 −11 ― 0	15 −13 ― 2	13 −11 ― 2	17 −15 ― 2	13 −11 ― 2
15 −10 ― 5	11 −11 ― 0	19 −10 ― 9	10 −10 ― 0	11 −11 ― 0
13 −13 ― 0	11 −11 ― 0	17 −12 ― 5	16 −15 ― 1	18 −10 ― 8
13 −12 ― 1	11 −11 ― 0	15 −10 ― 5	15 −11 ― 4	13 −11 ― 3
11 −10 ― 1	16 −14 ― 2	13 −10 ― 3	16 −10 ― 6	17 −10 ― 7
18 −10 ― 8	17 −14 ― 3	16 −11 ― 5	19 −16 ― 3	14 −10 ― 4
20 −19 ― 1	19 −17 ― 2	14 −13 ― 1	16 −11 ― 4	18 −12 ― 6

SOLUTION DAY 66

13 -10 3	19 -12 7	18 -13 5	11 -10 1	13 -11 2
10 -10 0	10 -11 1	13 -11 2	19 -14 5	11 -11 0
19 -10 9	17 -11 6	17 13 4	13 -13 0	17 -10 7
13 -11 2	19 -10 9	10 -10 0	14 -13 1	13 -10 3
19 -14 5	17 -12 5	15 -10 5	10 -10 0	17 -13 4
10 -10 0	20 -13 7	16 -11 5	17 -10 7	17 -17 0
17 -11 6	13 -10 3	14 -11 3	18 -11 7	20 -19 1

SOLUTION DAY 67

20 -16 4	18 -13 5	19 -11 8	11 -11 0	16 -16 0
17 -10 7	18 -10 7	16 -13 3	18 -10 8	17 -11 6
13 -12 1	14 -13 1	14 -11 3	15 -10 5	16 -10 6
13 -11 2	11 -10 1	17 -10 7	13 -12 1	13 -10 3
17 -10 7	20 -20 0	17 -11 6	19 -13 6	17 -10 7
18 -12 6	20 -19 1	17 -14 3	13 -10 3	18 -11 7
19 -11 8	11 -11 0	19 -19 0	20 -19 1	12 -10 2

SOLUTION DAY 68

16 −10 6	19 −13 6	13 −10 3	11 −10 1	13 −11 2
16 −13 3	10 −10 0	16 −14 2	18 −18 0	11 −11 0
13 −11 2	11 −11 0	13 −10 3	18 −13 5	17 −10 7
17 −11 6	17 −13 4	17 −10 7	14 −13 1	13 −10 3
17 −10 7	13 −13 0	19 −11 8	20 −10 10	17 −10 7
13 −10 3	19 −10 9	13 −11 2	12 −11 1	10 −10 0
11 −11 0	13 −12 1	17 −15 2	17 −11 6	19 −10 9

15 −11 4	19 −13 6	20 −11 9	16 −10 6	13 −11 2
10 −10 0	11 −10 1	15 −14 1	16 −10 6	11 −11 0
19 −19 0	14 −12 2	13 −11 2	13 −13 0	19 −13 6
19 −17 2	19 −19 0	15 −10 5	13 −12 1	13 −10 3
20 −14 6	17 −17 0	19 −10 9	17 −12 5	20 −10 10
13 −11 2	10 −10 0	13 −11 2	17 −13 4	19 −14 5
19 −10 9	13 −10 3	20 −17 3	11 −10 1	17 −16 1

SOLUTION DAY 70

20 −17 **3**	13 −10 **3**	16 −11 **5**	18 −14 **4**	19 −16 **3**
10 −10 **0**	19 −10 **9**	10 −10 **0**	20 −12 **8**	11 −11 **0**
20 −17 **3**	11 −11 **0**	17 −13 **4**	16 −13 **3**	15 −10 **5**
18 −18 **0**	18 −15 **3**	17 −11 **6**	20 −17 **3**	16 −10 **6**
16 −10 **6**	17 −17 **0**	16 −10 **6**	18 −10 **8**	13 −11 **2**
17 −15 **2**	11 −11 **0**	13 −11 **2**	19 −18 **1**	20 −20 **0**
17 −13 **4**	16 −16 **0**	17 −10 **7**	13 −13 **0**	13 −10 **3**

17 −16 ‾‾ 1	17 −13 ‾‾ 4	15 −11 ‾‾ 4	11 −10 ‾‾ 1	13 −11 ‾‾ 2
19 −16 ‾‾ 3	11 −10 ‾‾ 1	13 −13 ‾‾ 0	16 −10 ‾‾ 6	11 −11 ‾‾ 0
19 −15 ‾‾ 4	16 −11 ‾‾ 5	13 −12 ‾‾ 1	17 −10 ‾‾ 7	20 −10 ‾‾ 10
13 −11 ‾‾ 2	16 −16 ‾‾ 0	13 −10 ‾‾ 3	16 −15 ‾‾ 1	13 −10 ‾‾ 3
17 −14 ‾‾ 3	13 −10 ‾‾ 3	16 10 ‾‾ 6	12 −12 ‾‾ 0	16 −10 ‾‾ 6
17 −16 ‾‾ 1	20 −19 ‾‾ 1	13 −10 ‾‾ 3	19 −13 ‾‾ 6	11 −11 ‾‾ 0
17 −13 ‾‾ 4	17 −10 ‾‾ 7	19 −16 ‾‾ 3	18 −17 ‾‾ 1	15 −10 ‾‾ 5

SOLUTION DAY 72

13 −11 **2**	13 −10 **3**	17 −16 **1**	11 −10 **1**	13 −11 **2**
17 −15 **2**	17 −14 **3**	13 −11 **2**	20 −10 **10**	19 −11 **8**
13 −10 **3**	11 −10 **1**	16 −11 **5**	13 −13 **0**	18 −10 **8**
13 −10 **3**	20 −17 **3**	16 −11 **5**	17 −11 **6**	17 −17 **0**
13 −11 **2**	19 −17 **2**	15 −10 **5**	10 −10 **0**	18 −10 **8**
19 −19 **0**	17 −13 **4**	16 −11 **5**	20 −11 **9**	10 −10 **0**
20 −19 **1**	16 −16 **0**	14 −10 **4**	17 −15 **2**	13 −10 **3**

16 +3 — 19	13 +3 — 16	20 -13 — 7	17 +7 — 24	13 -5 — 8
17 +9 — 26	19 -8 — 11	17 +4 — 21	14 +4 — 28	19 +9 — 28
13 +10 — 23	18 -13 — 5	13 +11 — 24	19 -6 — 13	20 +7 — 27
13 +11 — 24	17 -6 — 11	18 +3 — 21	17 -11 — 6	13 +9 — 22
20 +7 — 27	13 -5 — 8	16 +7 — 23	18 -4 — 14	11 +10 — 21
17 +7 — 24	19 -3 — 16	18 +15 — 33	18 -6 — 12	20 +4 — 24
19 +7 — 26	13 -1 — 12	15 +3 — 18	18 -5 — 14	15 +4 — 19

11	15	13	17	13
+9	-4	+5	-5	+9
20	11	18	12	22

15	11	19	10	11
+7	-4	+10	-9	+5
22	7	29	1	16

15	11	17	16	18
+7	-4	+4	-8	+10
22	7	21	8	28

13	11	15	14	13
+17	-5	+17	-4	+15
30	6	32	10	28

17	16	13	15	17
+10	-8	+10	-6	+10
27	8	23	9	27

18	17	16	19	14
+10	-9	+11	-13	+10
28	8	27	6	28

20	19	14	16	18
-5	+17	-3	+11	-12
15	36	11	27	6

3 +10 13	19 -15 4	18 +3 21	11 -2 9	15 +11 26
10 -10 0	10 +15 25	15 -11 4	19 +14 33	11 -11 0
19 +10 29	17 -11 6	13 +17 30	16 -13 3	17 +14 31
13 -1 12	19 +5 24	10 -10 0	13 +14 27	13 -0 13
19 +15 34	17 -12 5	15 +10 25	10 -10 0	17 +17 34
10 -2 8	20 +13 33	16 -6 10	17 +7 24	17 -17 0
17 +16 33	13 -10 3	14 +11 25	18 -11 7	20 +19 39

SOLUTION DAY 76

20 +4 —— 24	18 -13 —— 5	19 +17 —— 36	11 -5 —— 6	19 +16 —— 35
17 -9 —— 8	18 +13 —— 31	16 -8 —— 8	18 +18 —— 36	17 -3 —— 14
13 +13 —— 26	17 -15 —— 2	14 +14 —— 28	15 -13 —— 2	16 +18 —— 34
13 +8 —— 21	11 -3 —— 8	17 +10 —— 27	13 +12 —— 25	13 -10 —— 3
7 +10 —— 17	20 -20 —— 0	17 +11 —— 28	19 -6 —— 13	17 +3 —— 20
18 -11 —— 7	20 +19 —— 39	17 -14 —— 3	13 +18 —— 31	18 -12 —— 6
19 +2 —— 21	11 -11 —— 0	19 +19 —— 38	20 -11 —— 9	12 +12 —— 24

SOLUTION DAY77

16 +5 ― 21	19 -9 ― 10	13 +13 ― 26	11 -2 ― 9	13 +18 ― 31
16 -13 ― 3	19 +10 ― 29	16 -14 ― 2	18 +15 ― 33	11 -11 ― 0
13 +18 ― 31	11 -1 ― 10	17 +19 ― 36	18 -13 ― 5	17 +10 ― 27
17 -11 ― 6	13 +17 ― 30	17 +10 ― 27	14 -3 ― 11	13 -10 ― 3
17 +13 ― 30	13 -13 ― 0	19 +11 ― 30	20 -10 ― 10	17 +11 ― 28
13 -5 ― 8	10 +19 ― 29	13 -11 ― 2	12 +9 ― 21	10 -10 ― 0
11 +18 ― 29	13 -12 ― 1	20 +15 ― 35	17 -3 ― 14	19 +19 ― 38

SOLUTION DAY 78

15 +6 ――― 21	19 -3 ――― 6	20 +11 ――― 31	16 -7 ――― 9	13 +11 ――― 24
10 +4 ――― 14	11 -9 ――― 2	15 +14 ――― 29	16 -8 ――― 8	11 +17 ――― 28
19 +19 ――― 38	14 -7 ――― 7	13 +15 ――― 28	13 -1 ――― 12	19 +13 ――― 32
19 -7 ――― 12	19 +16 ――― 35	15 -10 ――― 5	13 +9 ――― 22	13 -3 ――― 10
20 +17 ――― 37	17 -17 ――― 0	19 +10 ――― 29	17 -12 ――― 5	20 +14 ――― 34
13 -10 ――― 3	10 +10 ――― 20	13 -2 ――― 11	17 +13 ――― 30	19 -5 ――― 4
19 +10 ――― 29	13 -7 ――― 6	20 +18 ――― 38	11 -2 ――― 9	17 +18 ――― 35

20 -9 11	13 +14 27	16 -12 4	18 +14 32	19 -14 5
18 +10 28	14 -6 8	19 +10 29	20 -13 7	11 +11 22
20 -17 3	18 +11 29	17 +13 30	16 -13 3	15 +2 27
18 +18 36	18 -5 3	17 +1 18	20 -7 3	16 +10 26
16 -12 4	19 +17 36	16 +10 26	18 -10 8	13 +15 28
17 +15 32	11 +11 22	13 +11 24	19 +18 37	20 +20 40
17 -3 4	19 +16 35	17 -10 7	20 +13 33	17 -10 7

SOLUTION DAY 80

17 -12 —— 5	17 +5 —— 22	15 -5 —— 10	11 +13 —— 24	13 +3 —— 16
19 -16 —— 3	11 +17 —— 28	13 -5 —— 8	16 +10 —— 26	11 -9 —— 2
19 +15 —— 34	16 +11 —— 27	13 +12 —— 25	17 +10 —— 37	20 +10 —— 30
13 -3 —— 10	16 +16 —— 32	13 -12 —— 1	16 +16 —— 32	13 -10 —— 3
17 +13 —— 30	13 -10 —— 3	13 +16 —— 29	12 -12 —— 0	16 +10 —— 26
17 -8 —— 9	20 +19 —— 39	13 -2 —— 11	13 +19 —— 32	18 -11 —— 7
17 +13 —— 30	17 -10 —— 7	19 +18 —— 37	18 -7 —— 11	15 +16 —— 31